Joachim Illies

Der Mensch in der Schöpfung

D1934437

Joachim Illies

Der Mensch in der Schöpfung

Ein Naturwissenschaftler liest die Bibel

Edition Interfrom AG · Zürich

CIP-Kurztitelaufnahme der Deutschen Bibliothek
Illies, Joachim: *Der Mensch in der Schöpfung:*
e. Naturwissenschaftler liest d. Bibel. – 2. Auflg. – Zürich:
Edition Interfrom; Osnabrück: Fromm (in Komm.), 1979
(Texte + (und) Thesen; 88: Sachgebiet Natur, Umwelt)
ISBN 3-7201-5088-7

Alle Rechte vorbehalten
© EDITION INTERFROM AG, Zürich 1977
Vertrieb für die Bundesrepublik Deutschland:
VERLAG A. FROMM, Osnabrück
1. Auflg. – Oktober 1977
2. Auflg. – Februar 1979
Einbandgestaltung: Waltraudt Ahrens
Gesamtherstellung:
DRUCKHAUS FROMM GmbH. & Co., Osnabrück

INHALT

Mythos und Wissenschaft. Hier wird die Welt gedeutet, dort geklärt.

Ernst Jünger (Strahlungen)

Vorwort

Die Naturwissenschaft ist nie eine echte Alternative zur Bibel gewesen, sie hat die Offenbarung nur scheinbar, nur vorübergehend verdrängen können. Nach wenigen Jahrzehnten eines aufgeklärten Hochgefühls, das sich über die Religion erhaben dünkte, sind es heute gerade Naturwissenschaftler, die im engen Kontakt mit der Wirklichkeit den Weg finden und die Brücke schlagen zu einem neuen und vertieften Verständnis der Wahrheit der biblischen Aussage. Wissenschaftler ziehen heute auf verschiedenen Straßen – Humanbiologie, Völkerkunde, Tiefenpsychologie – in die Wahrheit des Mythos ein, vorbei an einem Heer entmythologisierender Theologen, die ihren eigentlichen Bereich verlassen, weil sie unsicher geworden sind.

Frühere Generationen meinten noch, man müsse vor allem Hebräisch lernen, um die Schöpfungsgeschichte des Alten Testaments richtig verstehen zu können, viele in der neuen Generation glauben heute, es müsse das Studium der Soziologie und Psychologie sie mit der rechten Erkenntnis ausstatten, um die alten Wahrheiten in unserer Zeit zu übersetzen. Ein vertieftes Verständnis der Naturwissenschaften könnte uns alle lehren, die alten mythischen Tiefen der Heiligen Schrift unübersetzt in sich selbst ruhen zu lassen und sie dennoch in neuem, vertieftem Zugang zu begreifen: als Wissen über Gott und sein Wirken am Menschen, wie es in der jahrtau-

sendealten Bildersprache so unvergänglich niedergelegt ist, daß jede Generation ihren eigenen, modernen Zugang zum ewig gleichen Kern der Wahrheit findet.
In diesem Sinn mögen die vier Kapitel dieses Buches Zugänge freilegen und Einblicke eröffnen, ohne den Inhalt der Bibel rational zu entmythologisieren. Wenn etwas heute der Entmythologisierung bedarf, so ist es nicht die Offenbarung, sondern die Naturwissenschaft. Denn aus ihr macht die Heilserwartung den neuen Mythos einer Generation, die sich aus rationalem Dünkel oder aus emotionaler Schwäche scheut, das Heil auf dem Wege zu suchen, auf dem es allein zu finden wäre. Es gibt nicht nur eine naturwissenschaftliche Deszendenzlehre, sondern auch eine biblische. Die erste schildert den Weg von der Materie zum Geist und vom Gesetz zur Freiheit, die zweite den umgekehrten Weg, aus dem Geist in die Materie, aus der Freiheit in das Gesetz. Beide Wege treffen sich nur einmal im Kosmos: im Menschen.
Die vier Kapitel dieses Buches sind unabhängig voneinander im Laufe der letzten Jahre als Einzelaufsätze entstanden und hier zu einer Einheit verbunden. Sie behandeln Themen der Urgeschichte, also der ersten elf Kapitel der Genesis (des ersten Buches Moses der Bibel). Ihr Stil ist der jeweiligen Situation der Entstehung entsprechend unterschiedlich, die beiden ersten stammen aus der unmittelbaren Konfrontation der Naturwissenschaft, speziell der Humanbiologie, mit den Schöpfungsaussagen der Genesis, die beiden anschließenden Aufsätze stellen eigenständige Versuche einer strukturalistischen Analyse des Kain-Abel-Berichts (Gen. 4) und der Geschichte des Turmbaus zu Babel

(Gen. 11) dar, wobei der naturwissenschaftliche Aspekt den Hintergrund bildet.

In keiner Zeile dieses Buches soll die Bibel „gedeutet" werden – sie selbst *ist* Deutung und bedarf lediglich unseres Begreifens und unserer Anerkennung. Diese Anerkennung wird uns durch die Naturwissenschaft heute leichter gemacht als unseren Vätern, die noch hochmütig meinten, die „Welträtsel" gelöst zu haben. Wir sind bescheidener geworden, aber in dieser begründeten Bescheidenheit der modernen Naturwissenschaft liegt unsere Chance, den zentralen Raum der Wahrheit zu betreten – wenn auch mit demütig gesenktem Kopf.

Joachim Illies

DIE SCHÖPFUNG

Das eigentliche, einzige und tiefste Thema der Welt- und Menschengeschichte, dem alle übrigen untergeordnet sind, bleibt der Konflikt des Unglaubens und Glaubens.

Johann Wolfgang von Goethe

Naturwissenschaft und Glaube

Scheinbar ist alles ganz einfach: Früher, als man es nicht besser wissen konnte, glaubte man eben an Gott: Der „Schöpfer des Himmels und der Erde" hatte alles erschaffen, zuletzt auch uns selbst aus Lehm und aus seinem Atem, wie es in der Bibel zu lesen ist. Dann aber kam die Naturwissenschaft und bewies, daß in Wirklichkeit alles ganz anders war: Die Welt entstand im Urknall aus wirbelnden Energieblitzen und Materiewolken, und auch der Mensch wurde nicht aus Lehm geknetet, sondern stieg als ehemaliger Affe vom Baum, weil zufällige Mutationen in seinem Erbgefüge es so wollten. Und damit – so sagt man – ist der alte Glaube endgültig erledigt, und wir wissen nun, wie es wirklich war.

Wer einer solchen Primitivform der Aussage über das Geheimnis der Entstehung des Weltalls, der Erde, des Menschen erliegt, erweist damit aber nur den bedenklichen Zustand seiner eigenen geistigen Entwicklung und sagt nichts über die Wirklichkeit der Welt aus. Wir stehen vor dem Bildungsnotstand unserer Zeit, in der sich solche primitiven Modelle ausbreiten, obwohl ihnen kein vernünftiger Theologe und auch kein vernünftiger Naturwissenschaftler zustimmen kann. Wer

den Gegensatz von Wissen und Glauben beschwört – und dazu gar noch behauptet, das eine hätte den anderen inzwischen abgelöst –, der hat weder begriffen, was Glauben eigentlich ist, noch kennt er die Tiefen und den unsicheren Grund aller Naturwissenschaft!
Dabei steht die Naturwissenschaft hier nur stellvertretend für den eigentlichen Gegensatz zum Glauben: für den Unglauben. Dieser echte Gegensatz – „das eigentliche, einzige und tiefste Thema der Welt- und Menschengeschichte“ – liegt in jedem von uns bereit und möchte sich Bahn brechen, wobei die Naturwissenschaft sich heute als modisches Argument anzubieten scheint. Es klingt nicht gut, wenn man bekennt: Ich zweifle, weil ich den Inhalt des Glaubens nicht begreifen kann, weil ich es nicht wage, auf Gottes Güte zu vertrauen. Es stört unsere eigene hohe Meinung von uns selbst, wenn wir bitten müssen: „Herr, hilf unserem Unglauben!“ Wieviel besser steht einer da, wenn andere diese Entscheidung längst für ihn gültig erledigt haben, wenn man nur gut genug informiert zu sein braucht, um aus allen Zweifeln und der Not von Bekenntnissen entlassen zu sein: „Die Naturwissenschaft hat inzwischen bewiesen, daß der Glaube nicht gilt.“ Wäre es wirklich so, dann wäre der Glaube nur noch die Sache der Dummen und Schwachen, dann wäre Unglaube eine Tugend, nämlich eine Leistung der Stärke und Klugheit. Aber es ist nicht so, es kann nicht so sein! Denn wer auf diese Weise aus den Entscheidungszwängen und Konsequenzen des Glaubens in die Wissenschaft fliehen möchte, wird erleben, daß zuletzt auch dort die Stärke des Glaubens, die Kraft des Vertrauens gefordert wird. Wir sind und bleiben die Ange-

rufenen, wir müssen Farbe bekennen und können der Notwendigkeit der Antwort nicht entgehen.

Unsere Religion und ihr Wissen um die Schöpfung und den Schöpfer gehören nicht zum alten Eisen, sondern bewahren eine Einsicht, die in jeder Zeit, auch in unserer modernen, notwendig ist für jeden, der nach der Wahrheit fragt. Man macht es sich zu leicht mit dem Entweder-Oder; Naturwissenschaft und Glauben sind gar keine echten Gegensätze. Nicht alles in der Welt ist in Alternativen zu fassen; vieles, das uns umgibt, ist mit der groben Zange des Entweder-Oder gar nicht zu greifen. Die Schöpfung ist eines dieser großen Themen des fragenden Menschengeistes, an dem er erlernen kann, näher an die Wahrheit heranzukommen, als es mit Entweder-Oder möglich ist. Denn das alternative „So-oder-so"-Denken wird leicht zu einer Schlinge, in der wir uns mit unserer Logik verfangen. Entweder die Naturgesetze gelten; dann dreht sich die Erde beständig und ohne Unterbrechung um sich selbst. Oder die Aussage der Bibel ist wahr; dann hat die Sonne auf Jahwes Geheiß *fast einen ganzen Tag lang* über Gibeon stillgestanden (Jos. 10:13). Entweder so oder so, eins kann nur richtig sein, Naturwissenschaft oder Offenbarungswissen!

Wie nahe liegen diese Forderungen unserer Logik, wie allzu nahe! Jeder Sextaner ist dazu in der Lage, solche und ähnliche Widersprüche zwischen Erfahrungswissenschaften und biblischen Berichten aufzudecken. Er sollte nur nicht allzu stolz darauf sein und vor allem nicht meinen, damit hier und heute die letzte Höhe menschlichen Urteilsvermögens endlich erklommen zu haben. Er muß sich sagen lassen: So klug sind wir alle!

Es ist übrigens beruhigend zu sehen, daß auch schon vor zweihundert Jahren – als es kaum eine moderne Naturwissenschaft gab – ein aufgeweckter Grundschüler zu solchem logischen Einspruch, zu solchem rationalen Ärgernis an der Widersprüchlichkeit fähig war. Goethe berichtet in seinen frühen Jugenderinnerungen von solchen Schwierigkeiten: „Denn schon vorher waren mir die Widersprüche der Überlieferung mit dem Wirklichen und Möglichen sehr auffallend gewesen, und ich hatte meine Hauslehrer durch die Sonne, die zu Gibeon, und den Mond, der im Tal Ajalon still stand, in manche Not versetzt, gewisser anderer Unwahrscheinlichkeiten und Inkongruenzen nicht zu gedenken!"
Die Fähigkeit zu kritischem Denken, zum Aufdecken logischer „Unwahrscheinlichkeiten und Inkongruenzen", ist gewiß ein notwendiges Entwicklungsstadium unseres Verstandes. Aber es ist nicht seine letzte, höchste Leistung, sondern gehört gewissermaßen als Sextanerlogik in die Grundschule des Geistes. Jeder Mensch sollte dieses Stadium selbständig werdenden Denkens erreichen, aber er sollte nicht lebenslänglich auf dieser Stufe stehenbleiben. Denn höhere Stufen der Einsicht sind möglich und nötig, wenn unser Geist mehr leisten soll als die bequeme Zurichtung der Welt in handliche Alternativen: wenn er der Tiefe der Wirklichkeit, dem Unbegriffenen und doch dort Vorhandenen, gerecht werden will. Solche Formen des Denkens müssen freilich auf Anschaulichkeit und Kongruenz verzichten, aber das ist – wie wir in Demut zu erkennen haben – überall im Bereich des Wissens der Preis, der zu zahlen ist. Die Welt ist tief „und tiefer als der Tag gedacht";

sie fordert unsere höchste geistige Anstrengung, wenn wir sie erkennen oder doch erahnen wollen.
Die Naturwissenschaft selbst übt sich heute in diesem neuen, umgreifenden Denken, das über die Alternativen hinausführt und der Wirklichkeit angemessen ist. Licht ist Welle und Korpuskel zugleich, Elektronen sind auf ihrer Kreisbahn „verschmiert", also an keinem Ort und zugleich an allen, nur mit wechselnder Wahrscheinlichkeit, Materie ist geronnene Energie – wer will das alles begreifen? Bei den mikrophysikalischen Ereignissen, so sagt Werner Heisenberg, sind eigentlich die Begriffe Vorher und Nachher, Ursache und Wirkung, ja letztlich unsere Grundvorstellungen von Raum, Zeit und Kausalität nicht mehr scharf zu trennen – wer will das verstehen? Es ist aber so! Und damit gilt, daß letztlich nicht Kenntnis im Sinne der Vorstellung, sondern Anerkenntnis im Sinne der Unterwerfung des Verstandes (nicht der Vernunft!) die angemessene Form des Umgangs mit naturwissenschaftlicher Wirklichkeit darstellt. Wir verstehen nicht alles, was wir messen und registrieren können, wir müssen es akzeptieren in seiner Widersprüchlichkeit. Heisenberg nennt mit Nils Bohr dieses neue, der Wirklichkeit angemessene, das „komplementäre", Denken und überwindet so in der heutigen Physik – also mitten im harten Kern der Naturwissenschaften – das Alternativdenken des Entweder-Oder.
Da wird in der Naturwissenschaft also eine neue Fähigkeit erforderlich, die nicht ohne eigenes Engagement möglich ist: ein Kraftakt gewissermaßen, wie auch Glauben ein Kraftakt ist, nämlich eine Tat, die ohne Einbringung unserer eigenen Person und den Mut

zu einer Entscheidung nicht möglich wäre. Der Glaube an, die Überzeugung von und das feste Vertrauen auf eine wissenschaftliche Wahrheit, die man weder verstehen noch sich vorstellen kann, sind also Voraussetzungen, um höhere Physik zu betreiben. Wir dürfen diese neue Einsicht wie ein Geschenk entgegennehmen, es wird den Theologen von der Naturwissenschaft gemacht, die doch angeblich ihr Gegner ist.
Von der Seite, die ursprünglich den Graben aufriß und die Kluft vertiefte, kommen heute in diesem Sinn ganz andere Äußerungen, die neue Brücken schlagen. So sagt der Atomphysiker Georg Süßmann, Ordinarius in München, in klarer und schlichter Eindringlichkeit: „Daß Gott die Welt erschaffen hat, wird uns auf der ersten Seite der Bibel gesagt. Wie es dabei zugegangen ist, versuchen wir heute in der Sprache der Naturwissenschaft zu beschreiben.“ Natürlich ist dies nicht die durchgängige Meinung aller Physikprofessoren an deutschen Universitäten, aber es beweist doch das einzige, was hier zu beweisen war, nämlich daß es *möglich* ist, so zu denken. Es ist also nicht wahr, daß Naturwissenschaft und Bibel sich als Gegensätze ausschließen, es ist möglich, das eine zu wissen und doch das andere zu glauben, ja es läßt sich zeigen, daß Wissen und Glauben zwei Wege zum gleichen Ziel der Erkenntnis der Wahrheit sein können. Die Welt des naturwissenschaftlichen Wissens und die des christlichen Glaubens sind Modelle der Wirklichkeit, hinter denen wir auf eine gemeinsame Wahrheit hoffen dürfen, auch wenn die Sextanerlogik aller Zeiten den Weg zu dieser Einsicht mit den Stacheldrahtsperren der „Unwahrscheinlichkeiten und Inkongruenzen“ verstellen will.

Die Botschaft des Mythos

Wir wurzeln in zwei Welten zugleich, das wußten die Alten schon, und wahres Wissen wird nicht dadurch schlecht, daß es Jahrtausende alt ist. Wir sollten diesen Blick zurück wieder fertigbringen ohne den primitiven Optimismus eines Famulus Wagner, der immer meint, „wie wir's am End' so herrlich weit gebracht". Worte wie die des Physikers Süßmann machen uns neuen Mut, an die großen alten Weisheitsbücher der Menschheit in dem Geist heranzugehen, in dem es auch die größten Denker vor hundert und vor tausend Jahren schon getan haben, nämlich im ehrfürchtigen Staunen darüber, was menschlicher Geist über die Hintergründe der Welt, über die Herkunft der Erde und des Menschen wußte und auf eine Weise erlangte, die wir nicht nachvollziehen können.

Werfen wir also einen Blick darauf, wie die Alten in den verschiedenen Kulturen der Vergangenheit unsere Frage nach Erde und Mensch beantwortet haben. Die alten Mythen – auch die erst in allerletzter Zeit entdeckten Sagen bisher unbekannter Volksstämme in Neuguinea oder am Amazonas – enthalten, stets anders ausgedrückt und unendlich variiert, eine zentrale Botschaft. Um nur einen Mythos zu erwähnen: Bei den vorsokratischen Griechen war es der Halbgott Prometheus, der bei den Tieren Seelenteile einsammelte und sich daraus einen Menschen formen wollte. Erst als seine himmlische Gönnerin Athene herbeieilt, gelingt das große Werk, denn sie haucht dem Wechselbalg, den Prometheus erschaffen hat, ihren göttlichen Geist ein, und nun wird aus Materie und Geist ein Mensch.

Damit sind wir recht nahe der Schilderung, die in unseren eigenen Kanon eingeflossen ist, in den jahwistischen Schöpfungsbericht. Da ist ein Schöpfer, der aus Lehm und aus seinem Geist (aus Adama und aus Neschama) ein Wesen bildet, das ganz anders als alle sonstigen Lebewesen durch diese doppelte Abstammung von Materie und von Geist seine Stellung in dieser Welt bezieht. Dies aber ist die durchgängige Botschaft aller Schöpfungsberichte: Der Mensch ist das Wesen, in dem sich das Irdische, das Allvertraute, die Erde, mit dem ganz anderen trifft, mit dem Hauch des Göttlichen. Und der Mensch ist dadurch, daß er die paradoxe Mischung dieser beiden Wirklichkeiten ist, von allen anderen Lebewesen unterschieden: vom Göttlichen, aber auch von den Pflanzen und Tieren.

Natürlich bietet auch unser christlicher Schöpfungsglaube, um den es uns hier geht, jeder Sextanerlogik ein reiches Feld, um Widersprüche zu entdecken. Dies um so mehr, als wir fragen müssen: Was heißt überhaupt *der* biblische Schöpfungsbericht? Bei genauerem Hinsehen sind zumindest *drei* solcher Berichte in der Bibel enthalten: der jahwistische und der priesterschriftliche im Alten Testament sowie der Prolog des Johannesevangeliums. Tausend Jahre liegen zwischen diesen drei Aussagen, jede beginnt im Urzustand, in dem nur der „Logos" war, und jede endet mit dem Menschen – jede der Aussagen ist also eine biblische Antwort auf die Frage nach uns selbst. Stellen sie uns vor eine Alternative, fordern sie in ihrer Dreiheit das Entweder-Oder heraus? Wir wollen uns nicht sperren gegen die Sextanerlogik, die solche erste Hürde am Anfang unseres Weges vorfindet, doch muß uns klar sein: So schlau, um Widersprüche aufzufinden, sind die Menschen auch früher schon gewesen, darunter Leute, die mehr logisches Denken beherrschten als die meisten von uns. Menschen wie Leibniz, der die Infinitesimalrechnung erdachte und gewiß einen sehr hohen Intelligenzquotienten hatte, haben offensichtlich keinen Anstoß daran genommen, daß die Bibel uns vor verschiedene Schöpfungsberichte stellt und daß sie einander stellenweise zu widersprechen scheinen.

Betrachten wir in dieser Haltung die Schöpfungsberichte der Bibel, dann können sich alle Widersprüche auflösen. Es zeigt sich, daß jeder dieser Berichte eine bestimmte Seite des gleichen großen Urereignisses im Auge hat. Dieses Urereignis selbst kann man nicht kürzer in Worte fassen, als es Johannes tat: *„Der Logos ist Fleisch geworden!"* In der Priesterschrift ist dieses Urereignis in einer Weise dargestellt, die man – mit aller gebotenen Vorsicht und Zurückhaltung – im Sinne unserer Zeit die „objektive" nennen könnte. Dabei darf man allerdings nicht übersehen, daß die Tiefe des Berichts unausschöpflich und die Fülle der in ihn geflossenen menschlichen Interpretationskunst schier unendlich ist. Das sollten wir auch allen denen, die so schnell mit ihrem Urteil fertig sind, zu bedenken geben: Mit wieviel Gedankenkraft und Geist wurde seit Jahrtausenden um jedes einzelne Wort der Bibel gerungen bei dem Versuch, es bis auf den Grund zu hinterfragen! Welche theologischen, philologischen, philosophischen Probleme enthält allein der erste Satz der Bibel, was heißt „bereschit", wer ist (oder sind) „elohim", was sind „die Himmel" und was die „Erde"?

Die Priesterschrift

In ihrem objektiven Berichtsstil lädt uns die Priesterschrift geradezu ein, unsere modernen naturwissenschaftlichen Erkenntnisse bestätigt zu sehen. Das von ihr berichtete Sechstagewerk der Schöpfung enthält in der Tat die logischen Etappen der Welt- und Menschwerdung, die wir heute mit der Wissenschaft nachvollziehen. Unsere erstaunte Frage müßte in umgekehrte Richtung zielen, als die Kritik gewöhnlich läuft: Wie konnte denn eigentlich diesseits aller Naturwissenschaft fünfhundert Jahre vor Christi Geburt irgendein gescheiter, erweckter Seher alles das schon wissen, was wir erst seit Darwins und Haeckels Zeiten mühsam in den Griff bekamen: daß es erst Pflanzen gab und dann die Tiere, daß sich das Leben erst im Wasser regte und dann auf dem Lande, daß der Mensch das zuletzt auftretende Lebewesen ist? Eine neue Dimension öffnet sich bei solchem Ansatz, mit dem bei aller Andacht vor der Unbegreiflichkeit von Offenbarungsaussagen der biblische Bericht einmal konkret und unerschrocken angegangen werden soll. Sieht die Priesterschrift gar weiter als wir? Hat sie nicht mit ihrem Grundthema *Fiat – et factum est (Es werde – und es ward)* die Melodie der Evolution schon anklingen lassen, lange bevor unsere moderne Naturwissenschaft diese Erkenntnis gewann – im grotesken Widerstand gegen eine Kirche, deren innerste Botschaft doch selbst die Evolution, die Menschwerdung und endlich das Hinwachsen auf das Neue Jerusalem ist?

Und Gott sprach: Es werde Licht, und es ward Licht (Gen. 1:3). Mit diesem Wort setzt die konkrete bibli-

sche Schöpfungsgeschichte ein. Oder sagen wir es bescheidener: Hier, im dritten Vers des ersten Genesiskapitels, kommt aus den gnostischen, unauslotbaren Tiefen der vorangehenden Sätze erstmals eine Botschaft auf uns zu, die naturwissenschaftlich greifbar ist. Alles hat einen Anfang gehabt, so lautet diese Botschaft, und dieser Anfang war das Licht; wie ein Blitz in die Finsternis fuhr das Sein in das Nichtsein. Auch die Physik sieht es heute so: Im „Urknall" nahm alles seinen Anfang, im Urblitz der Ursekunde entstand das All aus dem Nichts. Glauben und Wissen sind sich hier sehr nahe, beide gehen von einer „Creatio ex nihilo" aus, und beide verweigern der Ratio kategorisch das Recht auf die Frage nach dem Vorher: Wer schuf das Chaos, aus dem Gott das Licht entstehen ließ – wer verursachte den Urknall?
So begegnen wir hier schon – in der ersten Weltsekunde – dem eigentlichen Gegensatz: nicht dem zwischen naturwissenschaftlicher Erkenntnis und Offenbarung, sondern dem zwischen Glauben und Unglauben. Denn der ganze Unterschied zwischen der wissenschaftlichen und der biblischen Schöpfungsgeschichte liegt in der Rückbindung dieses Geschehens an Gott (*Und Gott sprach!*). Was hätte die Naturwissenschaft dem entgegenzusetzen? Nur den armseligen, hilflosen Begriff des Zufalls, von dem doch schon Demokrit wußte, daß die Menschen sich damit „ein Trugbild erdichten als einen Deckmantel ihrer eigenen Ratlosigkeit"? Nein, dieses Bekenntnis zu „Zufall und Notwendigkeit", das in Jacques Monods Buch scheinbar die letzte Tiefe wissenschaftlicher Weltsicht auslotet, ist doch nur verzweifelte Tapferkeit in den flachen Gewässern des

Unglaubens, die dem Vertrauen auf Gott durch das Vertrauen in den gnadenlosen Zufall als den Gegengott entgehen will. In solcher Wendung wird nicht Beweisbares gegen Unbewiesenes gesetzt, sondern ein Glaube gegen einen anderen ausgetauscht. Doch selbst wenn dieser Glaube an den Gegengott Zufall die herrschende Einstellung der Naturwissenschaftler unserer Zeit wäre, die einzig mögliche ist es gewiß nicht. Da gibt es vielmehr aus dem Mund von Physikern die Aussage, daß der Kosmos im ganzen weit eher einem großen Gedanken gleiche als einer Maschine. Wer diesen Gedanken „Welt“ dachte, ist zu fragen nicht Sache der Naturwissenschaft, sondern liegt hinter der Grenze, an der für uns alle gilt, „das Unerforschliche ruhig zu verehren“. Aber im *„Und Gott sprach“* wird die Antwort auf die grenzüberschreitende Frage so eindeutig hörbar, wie sie am Nordeingang des Domes von Chartres sichtbar gemacht wird: Dort träumt der Vatergott lächelnd die Schöpfung, bevor der Sohngott dann die Arme hebt und in tiefem Ernst das Licht von der Finsternis trennt.

In diesem Licht läßt nun der Schöpfungsbericht den Planeten sich von der *Feste des Himmels* absondern, läßt die Kontinente sich aus dem Meer erheben, das Land sich begrünen, Sonne, Mond und Gestirne hinter der aufreißenden Wolkendecke sichtbar werden, um dann am fünften Schöpfungstag zu einer weiteren entscheidenden Etappe fortzuschreiten: *Im Wasser regt sich das Tier* (näphäsch chaja, das beseelte Wesen), und *der Vogel fliegt zwischen Land und Himmel.* Am nächsten Tag bringt dann auch das Festland Tiere hervor: *Vieh, Gewürm und Lebewesen der Erde.*

Welch Schauspiel rollt da vor uns ab! Mit Betroffenheit muß die moderne Naturwissenschaft bekennen, daß uns in diesem Text aus unbegreiflichem Vorwissen heraus eine erst heute rational zugängliche kosmologische und biologische Evolution in großen Bildern der Erdenentstehung und des sich entwickelnden Lebens zutreffend geschildert wird. Aber eindringlich gibt der Text dabei zugleich immer wieder Antwort auf die Frage, die in der Naturwissenschaft verpönt ist: Warum geschieht dies alles? Aus Zufall etwa, in der Beliebigkeit eines sich von selbst gestaltenden, sinn- und absichtslosen Geschehens? Nein: als Wille Gottes in dieser Welt, die den Befehl seiner Schöpferworte ausführt, mit seiner Billigung (*und Gott sah, daß es gut war*) und mit seinem Segen. Evolution, Höherentwicklung als „Wille Gottes in dieser Welt", wie es seit Teilhard de Chardin Theologie und Biologie einhellig begreifen können, erweist sich als der Kern einer Wahrheit, die uns im Offenbarungstext zugesagt wird. Es bleibt weiterhin der Naturwissenschaft überlassen „zu beschreiben, wie es dabei zugegangen ist", während wir in der Bibel erfahren können, welche „ordnende Absicht" (Kant) dahinterstand und welche segnende Hand darüberliegt.

Aber kommen wir nun zum zentralen Geschehen – zur Erschaffung des Menschen. Eingebettet in den Strom der Evolution als eines der Säugetiere (so sieht es die Evolutionsbiologie), hineingenommen in das Schöpfungsgeschehen des sechsten Tages, an dem zuvor die Landtiere entstanden (so schildert es der Text von Gen. 1: 26–31), geschieht, was uns alle zutiefst angeht: *Und Gott schuf den Menschen.* Es wird nicht gesagt,

wie es dabei zuging, es wird des Materials dieser Schöpfung hier nicht gedacht (s. dazu S. 59 ff.), aber es wird im Gegensatz zu aller vorangegangenen lebenden Schöpfung sofort mitgeteilt, *wozu* diese Krone der Schöpfung erschaffen und gesegnet wird: um *Ebenbild Gottes,* also sein Statthalter und Bevollmächtigter, zu sein, um über die Erde und alles Getier zu herrschen.
Wenn die Anthropologie heute die Sonderstellung des Menschen in der Natur beschreibt, so kann dabei in anderen Worten der gleiche Inhalt aufklingen: Der Mensch ist von Natur ein Kulturwesen! Die Vernunft, also das in seinem Wesen, was ihn dem geistigen Bereich zuweist und zum greifbaren und unübersehbaren Zeugen des Geistes macht, unterscheidet ihn vom Tier. Nicht das Material, nicht die Herkunft (nicht Physiologie und Phylogenie), sondern die existentielle Bestimmung als Geistträger macht den Menschen aus. Und in dieser Bestimmung liegt Herrschaft begründet; nicht die des einen über den anderen (schon gar nicht die des Mannes über die Frau, denn *männlich und weiblich schuf er sie),* sondern Herrschaft des Geistes über die Triebe, Untertanmachung des Materiellen durch das Ideelle. Herrschaft also vor allem über das Tier in uns, das uns Sigmund Freud sehen lehrte. Auch dieses Tier in uns – so sagt unser Text – ist von Gott gebilligt und gesegnet (hier liegt der Fehler der hysterischen Verkennung des Triebes als des „sogenannten Bösen"), aber dennoch soll unser Ich, unser Geist, über „unser" Tier herrschen und *so* – nicht im Sinne eines bevölkerungspolitischen Auftrages – *fruchtbar werden, sich mehren und die Erde füllen.*
Der priesterschriftliche Schöpfungsbericht ist nicht

ausschöpfbar durch naturwissenschaftliche Interpretation. Er ist keine Naturwissenschaft und will es nicht sein. Er ist Gotteswissenschaft. Um die Ordnung der Schöpfung geht es ihm, um die kultische Begründung des Sabbat, um Gottesdienst. Oder um es mit Worten zu sagen, die noch im Mittelalter die Formen menschlicher Einsicht klar unterschieden: Nicht Scientia (Wissenschaft) spricht aus ihm, sondern Sapientia (Weisheit) – diese geheimnisvolle Sophia, die von sich in den Sprüchen Salomos (Spr. 8:22) sagen kann: *Der Herr hat mich gehabt im Anfang seiner Wege; ehe er etwas schuf, war ich da.* Um so erstaunlicher also, daß die fast beiläufige Weltgeschichte, die der Text zwischen Billigungsformeln und Segen in der Aufzählung der acht Schöpfungswerke im Verlauf der sechs Schöpfungstage vor der großen Sabbatruhe erwähnt, sich unserem heutigen naturwissenschaftlichen Welt- und Menschenbild so mühelos einfügt! Nicht der Hochmut des aufgeklärten Besserwissens ist angebracht (denn was wohl wüßten wir „besser"?), sondern die Demut der Einsicht, daß es andere, ältere und tieferreichende Zugänge zur Wahrheit gibt, als es sich heute unsere naturwissenschaftliche Schulweisheit träumen läßt.

Der Jahwist

Wie steht es dann aber mit dem jahwistischen Schöpfungsbericht, dem älteren, in dem alles andersherum verläuft? Erst entsteht da der Mensch, wird von seinem Schöpfer aus Lehm geknetet und mit göttlichem Geist versehen, dann erst entstehen die Tiere und zuletzt die Frau, seine Gefährtin. Gewiß, hier verläuft der Prozeß entgegen den Etappen der naturwissenschaftlichen Evolution, die von der Priesterschrift aufgezählt wurden. Aber ist diese ganz andere, jahwistische Reihenfolge der Ereignisse nicht eine durchaus adäquate Beschreibung der „subjektiven" Menschwerdung? In dieser Reihenfolge erleben wir doch selbst das Erwachen zum geistigen Bewußtsein, das wir zunächst, wenn wir geboren und in den *Garten Eden* gesetzt werden, noch nicht besitzen, sondern das uns langsam zuwächst! Was geschieht da im geheimen bis zu diesem großen Moment, wo wir beginnen, „Ich" zu uns zu sagen? Muß dabei nicht als schöpferisches Ereignis von außen – als ordnende Absicht – ein Schöpfer „ja" zu uns sagen, uns seinen Geist einhauchen und uns so zum angerufenen Wesen machen? Dieser Funke Bewußtsein zündet bei keinem Tier der Welt, aber jeder gesunde Mensch hat ihn. Woher er kommt, darüber kann die Naturwissenschaft keinerlei Aussagen machen. Und warum eigentlich sollte es dann nicht erlaubt sein, über ein starres „Ich weiß es nicht" hinauszugehen im Glauben an die Verkündigung, daß dieses „Seelenfünkchen" direkt von Gott kommt?

Aber dieses Erwachen zum Ich-Bewußtsein ist nur einer von vielen Schritten der subjektiven, der persönlichen Menschwerdung. Der werdende Mensch, das Kind, findet sich vor in einer ihm bereiteten, künstlichen Umwelt, in einem „Garten", in der Geborgenheit mütterlicher Betreuung, in einem Paradies. Und das Kind beginnt den Dingen Namen zu geben, es erhebt sie, indem es sie sieht und wahrnimmt, zu geistigen Wirklichkeiten. So aber lesen wir es beim Jah-

wisten von Adam, der den Tieren die Namen verleiht, *... und wie er sie nennen würde, so sollten sie heißen.* (2:19) Danach erst, als die Dinge der Umwelt geistig bewältigt sind, kann es – bei jedem Menschen und so auch bei Adam – zum großen neuen Urereignis kommen, das alle anderen Begegnungen überstrahlen wird: zum Finden des Gefährten in der Liebe. Diese liebende Partnerschaft, auf die der Jahwist mit dem großen Wort von *Ein-Fleisch-Sein* hinweist, unterscheidet uns existentiell von allen Tieren. Von keinem von ihnen ist dergleichen gesagt; sie begatten sich irgendwo und zeugen sich fort – der Mensch aber und sein Weib *werden ein Fleisch sein.* Als letztes erkennt der Mensch im Verlauf seines Werdens, seiner Reife, „die Menschin“, die von seinem Fleisch und Blut ist und der er nun anhangen wird. Erst mit dieser liebenden Gemeinschaft der Menschen ist ihre Erschaffung abgeschlossen.
Das Geheimnis der Liebe – zu dem auch der Naturwissenschaftler keinen anderen als den menschlich-existentiellen Zugang finden kann, wird in einem Wort von Paul Tillich zentral getroffen: „Liebe ist Wiedervereinigung des Getrennten.“ Nicht einfach Vereinigung also, so groß auch immer die Harmonie der Ergänzung von zueinandergehörigen Teilen sein mag: *Wieder*-Vereinigung ist die tiefste Quelle des Glücks der Liebe. So haben die Liebenden selbst zu allen Zeiten das Geheimnis ihrer Gemeinschaft erlebt: „War'st in einem früh'ren Leben meine Schwester oder meine Frau“, rief Goethe aus solchem Gefühl heraus, und tausendfach klingt es als unbeweisbare, eines Beweises aber nicht bedürftige Gewißheit in allen liebenden Paaren an: Wir sind füreinander Geschaffene, unser Finden ist

ein Wiederfinden! Vielleicht ist es diese Erinnerungskraft der Liebe, die im Blick zurück die platonische Sage vom noch ungetrennten androgynen Urmenschen träumte: Was sich in Liebe vereint und so das Glück des Einsseins genießt, erlebt im Grunde das endlich erreichte, immer erhoffte Wieder-Einswerden von vorübergehend getrennten Einzelteilen, die nur in ihrer Gemeinschaft ein Ganzes bilden.

In dieser Sicht gewinnt die aus Adams „Rippe“ von Gott erschaffene Eva einen ganz anderen Sinngehalt. Sie ist nicht einfach die von Adam patriarchalisch-anmaßend und paradox Geborene (wie allenfalls im Zeitalter finsterer männlicher Überheblichkeit behauptet werden konnte) und daher auch nicht die ihm von vornherein Untergebene, auf deren Besitz er Anspruch hätte, sondern sie ist von Anfang an eins mit ihm gewesen – eben das, was Adam selbst voller Freude in ihr erkennt: *Bein von meinem Bein und Fleisch von meinem Fleisch.* Die Feststellung des folgenden Verses (von dem wir nicht wissen, ob wir auch ihn noch als Ausspruch Adams verstehen sollen oder ob er ein göttlicher Kommentar zu diesem Geschehen ist) heißt dann: *Und sie werden ein Fleisch sein!* (2:24). Wir sehen nun, daß damit nicht nur eine Metapher für Vereinigung gemeint ist, sondern die Gewißheit einer echten Wiedervereinigung, eben das geheimnisvoll die Ebene des materiellen und psychischen Einsseins übergreifende Mysterium der menschlichen Liebesgemeinschaft, in der aus zwei unverwechselbaren „Du“ ein einmaliges „Wir“ entsteht. Kein Wunder also, daß der Versuch Jahwes, für Adam die Tiere als Gehilfinnen heranzuschaffen, vorher so eindeutig mißlungen war:

Aber für den Menschen ward keine Gehilfin gefunden (2:20). Das war fast ein erster, unerwarteter Mißklang im paradiesischen Geschehen, aber es erweist sich nun als der dunkle Hintergrund, vor dem das Erkennen der echten „Gehilfin" um so heller erstrahlt.

Was zuerst wie eine Erniedrigung des Weiblichen aussah (und hier und da auch so verstanden wurde) – die Abstammung Evas aus einer Rippe des Mannes –, erweist sich damit als eigentlicher Adel des menschlichen Paares und betont zugleich nochmals die Sonderstellung des Menschen innerhalb der Schöpfung. Erstens (und das wäre Auszeichnung und Adel genug) ist der Mensch im Gegensatz zu allen Tieren, mit denen er doch das Material („Lehm") gemeinsam hat, das durchgeistigste Wesen, nämlich allein von Gottes Odem, vom geheimnisvollen „neschama", angehaucht (2:7). Darüber hinaus aber sind Mann und Frau nicht zwei parallel Erschaffene aus solchem durchgeistigtem Lehm, die als solche eben eine besondere Lebensform „nach ihrer Art" darstellen würden, sondern sie sind mit der Verheißung der Wiedervereinigung zu „einem Fleisch" getrennte, auseinandergebrochene Hälften dieses einzigen gesegneten Geschöpfes, das Gott hier (im jahwistischen Text) wie vorher auch schon (im priesterschriftlichen) als *einen Mann und eine Frau* (1:20) zugleich erschuf.

Aber diese Einheit des menschlichen Paares ist Chance und Gefahr zugleich: Sie birgt das Risiko des Sichselbst-Genügens, des Sich-Verschließens vor der Welt, des Wunsches, selbst *zu sein wie Gott.* Das war schon in der alten platonischen Sage vom männlich-weiblichen (androgynen) Urmenschen aufgeklungen. Er fühlte sich im Besitz unendlicher Kräfte und begann mit den Göttern zu streiten und aufsässig gegen sie zu sein. So beschloß die Götterrunde, daß der Androgyn geteilt werde, damit er nicht zu eigenmächtig sei, und Apoll führt die chirurgische Operation durch, die zu den getrennten Wesen Mann und Frau führt und zu ihrer Sehnsucht nach Wiedervereinigung (Platon, Timaios). Eine deutliche Kunde von solcher Aufsässigkeit des paradiesischen Urpaares bringt uns auch der jahwistische Bericht vom *Sündenfall.* Von ihm wird in den folgenden Kapiteln dieses Buches noch die Rede sein, so daß er hier nicht weiter behandelt wird. Am Ende aber stehen dann das Aufgehen der Augen und die Beschämung, die Vertreibung aus dem für immer verlorenen Paradies der Unschuld und der dornige Acker, aber auch Gottes Fürsorge (3:22). Alles dies hat nichts mit Naturwissenschaft im üblichen Sinne zu tun, denn es liegt außerhalb ihrer Grenzen. Aber eine weitergreifende Anthropologie, eine umfassende Wissenschaft vom Menschen, wird nicht auf die Einsicht verzichten können, daß die hier im Text des jahwistischen Schöpfungsberichts anklingenden Themen zur Wirklichkeit des Menschen und zur Wahrheit über ihn gehören.

Johannes

An den dritten Schöpfungsbericht, den Epilog des Johannes-Evangeliums, soll nur in wenigen Worten erinnert sein, denn er ist zu tief, als daß der rationale Ansatz naturwissenschaftlichen Denkens ihm genügen könnte. Er ist wie Musik, die man hören und verstehen kann, die aber doch in wesentlichen Teilen jeder Erklärung, jeder Übersetzung entzogen bleibt. Aber so viel kann man doch sagen: Noch einmal ist hier die Schöpfung geschildert als geistiges, als moralisches Ereignis, nicht als das Wirken des Geistes in der Materie, sondern als ein oberhalb aller Materie sich vollziehendes Geschehen: *Das Licht hat in die Finsternis geschienen, aber die Finsternis hat es nicht begriffen!* (Joh. 1:5). Da ist sie wieder, diese Kunde vom Sündenfall, vom kosmischen Riß in der geistigen Welt, in den die Geschichte des „Logos“ mit dem „Fleisch“ verwoben und verstrickt ist. Der Theologe kann hier ansetzen und das Bild weiterführen, der Naturwissenschaftler ist frei, ihm zu folgen oder nicht, denn die ethische Dimension liegt außerhalb seines Faches – wenn auch keineswegs außerhalb seines Menschseins. So mag es genügen, wenn wir angesichts der unauslotbaren Tiefe des Johannes-Prologs feststellen, daß sich für die Naturwissenschaft keine Widersprüche auftun, sondern Möglichkeiten der Ergänzung ihres notwendig einseitigen Weltbildes zum vollen Ganzen eines Wissens um die Wahrheit.

Und dies gilt im Rückblick für alle drei Schöpfungsberichte gemeinsam: Nicht unüberbrückbare Gegensätze, nicht peinliche Alternativen trennen die verschiedenen Bereiche menschlicher Wirklichkeitsbewältigung, sondern unsere Chance ist es, diese scheinbaren Gegensätze in komplementärem Denken zu überwinden und so zur höheren gemeinsamen Wahrheit zu gelangen. Es kann also am Ende dieser Betrachtung eine große und umfassende Erkenntnis stehen, bei der es nicht länger um „richtig oder falsch“ geht im Vergleich der Schöpfungsberichte mit der naturwissenschaftlichen Kenntnis unserer Zeit, sondern um eine flachere oder tiefergründende Richtigkeit und um eine oberflächliche oder den Kern treffende Wahrheit. Es liegen mehr Weisheit und Weltkenntnis in dem alten Bild, daß ein Schöpfer den Kosmos schuf und uns aus Materie machte, in die er eine Spur seines Geistes hauchte, als in der Aussage einer materialistischen Naturwissenschaft, daß uns der Zufall von selbst aus dem Staub wachsen ließ.

SCHAMGEFÜHL UND SÜNDENFALL

Der Mensch wurde aus einem unschuldigen Geschöpf ein schuldiges, aus einem vollkommenen Zögling der Natur ein unvollkommenes moralisches Wesen, aus einem glücklichen Instrument ein unglücklicher Künstler.

Friedrich von Schiller

Der Bericht vom Sündenfall ist eingerahmt von einer eindringlichen und kunstvoll abgewandelten Aussage, die den Beginn und das Ende, die Voraussetzung und das Ergebnis dieses geheimnisvollen Ereignisses feststellt und damit in unüberhörbarer Deutlichkeit das Thema setzt. *Sie waren beide nackt, der Mensch und sein Weib, und schämten sich nicht* hieß es zum krönenden Abschluß des Schöpfungsberichts (Gen. 2:25). Nach dem Fall aber gingen ihnen die Augen auf, *und sie wurden gewahr, daß sie nackt waren, und flochten Feigenblätter zusammen und machten sich Schürzen* (Gen. 3:7). Jeder kennt die zweite Situation, sie ist unser aller Erfahrung mit uns selbst. Uns allen sind irgendwann einmal im Prozeß der Reifung die Augen aufgegangen für die Erkenntnis, daß wir etwas an uns verbergen und bedecken müssen, damit wir uns nicht zu schämen brauchen. Dabei muß es sich nicht wirklich um unseren nackten Körper handeln – groß ist der Bereich menschlicher Erfahrung, unvollkommen, beschämend-fehlerhaft, peinlich-unzureichend zu sein. Aber am Erleben eigener, vor fremden Blicken ungeschützter Nacktheit wird diese Erfahrung besonders eindringlich. Heute werden zwar solche Erlebnisse vielfach relativiert, indem man – unter Berufung auf die

Sitten der Naturvölker – nachzuweisen versucht, das Schamgefühl entspränge nur einer unserer Gesellschaft künstlich anerzogenen Prüderie, aber die vergleichende Völkerkunde weiß, daß auch bei den meisten der scheinbar paradiesisch nackten Wilden jeder Adam und jede Eva ihre „Scham“ verhüllen oder zumindest vor zudringlichen Blicken verbergen.

Humanbiologie der Scham

Wenn Adam – wie bei manchen Papuavölkern – scheinbar ohne Schamgefühl seine Genitalien in grellgelben Penis-Stulpen überhöht und präsentiert, so hat doch die moderne Verhaltensforschung neuerdings gezeigt, daß hier eine Motiv-Verschiebung auf männliches Droh- und Imponiergehabe vorliegt und daß es schon in Affenhorden ähnliche Erscheinungen gibt. Das aber heißt: Nur weil in manchen Kulturkreisen die Geschlechtsorgane des Mannes symbolisch etwas anderes als Sexualität bedeuten, nämlich Kraft und Macht, verliert sich das zu ihnen gehörige Schamgefühl. Symbolische Erektion wird dann zum sozialen Statussymbol – das Zepter der Stammesfürsten und Könige hat solchen phallischen Symbolwert –, doch bleibt auch in solchen Kulturkreisen die echte Erektion, das unmittelbare und nackte Präsentieren aktionsbereiter männlicher Potenz, ein genierliches Mißgeschick, eine ungewollte Preisgabe von Intimem, die schamvoll vor der Umgebung verborgen wird. Daran hat sich auch in unserer Zeit bis hin zum FKK-Strand im Prinzip männlichen Verhaltens nichts

Grundlegendes geändert. Nackte Indianermänner mancher südamerikanischen Stämme verhindern oder verbergen solche Erektionen, indem sie ihr Glied mit einer Schnur am Leib hochbinden; allein ein hoffnungsloser Reduktionismus konnte meinen, daß dies nur geschähe, damit der Nackte nicht in seiner Bewegungsfreiheit im Urwalddickicht behindert wäre.
Wir dürfen konstatieren, daß es ein allgemeines Verhaltensmerkmal erwachsener Menschen ist – ein biologisches Radikal, wie der Psychiater R. Bilz solche psychischen Strukturen nennt –, sich ihrer Nacktheit zu schämen, besonders wenn sie der Umgebung die eigene sexuelle Erregung verrät. Erstaunlich und tief befremdlich bleibt uns, wenn wir bei Tieren die völlige Abwesenheit solchen Schamgefühls bemerken. Welche Welten uns vom Affen trennen (mag er immerhin unser Vetter sein), das wird klar, wenn er uns mit seiner Schamlosigkeit, seinem ungenierten Genitalpräsentieren und Sexualverhalten konfrontiert. Wer könnte – auch heute, mitten in aller wissenschaftlichen Aufklärung – eine solche Szene beobachten, ohne daß sich ihm, gewissermaßen zur Wiederherstellung der Ordnung in seinem eigenen Weltbild, das Bedürfnis aufdrängt, diesen Tieren apologetisch den Stand der „Unschuld“ zuzubilligen, eben jene Natürlichkeit, von der der Jahwist als dem einzig wichtigen Wesensmerkmal *vor* dem Sündenfall zu berichten weiß ... *und sie schämten sich nicht.*
Wenn wir aber urteilen, daß jene Affen unschuldig, rein natürlich seien, heben wir damit doch deutlich ab von einem anderenZustand, den wir konsequenterweise den der Schuld nennen müssen. Schuldgefühle sind nur

subjektiv, sagt allerdings die moderne wissenschaftliche Weltsicht. Gewiß, aber Zahnschmerzen sind es ebenso. Niemand, der unter ihnen leidet, wird Trost finden in der wissenschaftlichen Erkenntnis, daß eigentlich nur ein Schmerzzentrum in seinem Großhirn nervös gereizt worden ist. Besser wäre schon eine Narkose, die dieses Schmerzzentrum lahmlegte. Da Schuldgefühle aber weniger dringlich sind als körperliche Schmerzen, ist hier die Selbstnarkose mittels Verdrängung oder Verharmlosung als „nur subjektiv" weit verbreitet, ja sie ist in unserer Zeit die übliche Methode.

Doch soll uns solche Selbstmanipulation nicht über die Erkenntnis täuschen, daß „Schuld" eine religiöse Erfahrung ist; selbstverständlich subjektiv (wie jede Erfahrung), aber eben daher von echtem existentiellen Stellenwert. Es geht uns bei ihr auch gar nicht primär um die Erklärung, sondern um die Bewältigung, um die Erlösung – auch darin bleibt der Zahnschmerz ein Gleichnis für Realität und Dringlichkeit des Subjektiven.

Wir dürfen annehmen, daß in der Frühzeit der Menschheit, in der wissenschaftlich objektive Erkenntnisse nach heutiger Art kaum möglich waren, die Fähigkeit zu subjektivem Erleben, zum religiösen Bezug und zur leidvollen Erfahrung des Schuldgefühls viel stärker ausgebildet war als heute. Der Jahwist kann daher das Gefühl, Sünder zu sein, als klare Erkenntnis eines intakten religiösen Sinnes bei allen Zeitgenossen voraussetzen; ihnen allen sind „die Augen aufgegangen" dafür, daß ein Bruch im Menschen spürbar ist. Und nicht nur das Volk Israel weiß das; schon im alten ägyptischen Monolog des Allherrn – einem

Sargtext, der mehr als tausend Jahre vor der Zeit des Jahwisten geschrieben wurde – spricht Gott zu den Menschen:

> Ich habe jedermann wie seinesgleichen geschaffen
> und nicht befohlen, daß sie Unrecht tun.
> Aber ihre Herzen haben das, was ich angeordnet
> habe, verletzt.

Gewiß kann für das Unrecht und die Verletzung, von denen hier die Rede ist, unser körperliches Schamgefühl und der Funktionskreis der Sexualität nur als eins von vielen möglichen Bildern dienen für das allgemeinere Erlebnis, unvollkommen geworden zu sein. Aber der grundsätzliche Fragenansatz heute, in unserer aufgeklärten Rationalität, lautet: Bin ich denn wirklich schuldig, ist es denn wahrhaft meine Unvollkommenheit, derer ich mich schäme? Oder ist es nicht nur Einbildung, Stimme eines sogenannten Gewissens, das sich als internalisierte Autorität in mir bildete, weil meine Umgebung, der Vater oder die Gesellschaft Forderungen erhoben, die unangenehm waren und vor denen ich darum zum „Sünder“, zum Versager wurde? Repressive Gesellschaft, christliche Sexual-Tabus, bürgerliche Moral ... *ihr* „laßt den Armen schuldig werden“?

Sexualität und Tabu

Was auch immer der letzte Grund dieser Schuld sei, die sich im Schamgefühl deutlich macht; das Geheimnis der Sünde ist groß und übersteigt in der Tat die Ebene einer biologischen Betrachtung. Dem Biologen steht es aber zu, die gleichnishafte Aussage der Genesis, die gewiß in einem allgemeinen Sinn von Gebotsübertretung, Scham und Schuld spricht, unter dem Aspekt der Sexualität zu sehen und sich auf diesen Bereich zu beschränken. Schließlich ist nicht zu bestreiten, daß die erste Tat Adams und Evas nach dem Sündenfall, die unmittelbare Folge der Einsicht in Gut und Böse, das Bedecken der Genitalien war. Hier ist der pathologische Ort der Schuld, den das Schamgefühl meint, der verhüllt und geschützt werden muß und dessen Entblößung von nun an Schmach und Entwürdigung, ja Beleidigung bedeutet. Die tiefe Feindschaft zwischen Kanaan und Israel führt der Jahwist zurück auf Hams Frevel, die entblößte Scham seines Vaters Noah gesehen zu haben (Gen. 9:22), und selbst Gott Jahwe schützt sich vor der Möglichkeit, durch den Anblick solcher menschlicher Blöße beleidigt zu werden, wenn er als Gesetzgeber seinem Propheten Mose – im gleichen Atemzug mit den Zehn Geboten – einschärft, nicht auf Stufen zum Altar zu treten: *Damit nicht deine Blöße aufgedeckt werde vor mir* (Exod. 20:26).

Die Sexualorgane sind „tabu“, sie sind unrein geworden im geheimnisvollen Vorgang des Sündenfalls. Das ist für den Biologen eine eindeutige Aussage dieser Genesis-Verse. Damit *scheint* er auf den gleichen Standpunkt zu gelangen, der jahrhundertelang die Theologie beherrscht und unter christlichem Vorzeichen eine Triebfeindlichkeit gefördert hat, die im Extrem zur Ablehnung aller Sexualität überhaupt führte. Von einer solchen völlig einseitigen Verengung des Sündenfallverständnisses wollen wir uns aber entschieden absetzen! Doch was heißt dann das Verhüllen der Genitalien? Gibt es überhaupt einen biologischen Zugang zu einer solchen Einstellung, kann es überhaupt biologisch sinnvoll sein, wenn ein Organsystem, dessen Funktion sich in Entblößung und Berührung vollzieht, verhüllt und vermieden wird? Seinen Sinn kann ein solches Verhalten offenbar nur in einem höheren Bewußtseinsstadium erhalten, das sich über das rein Biologische erhebt. Für Tiere wäre ein Sexualtabu sinnlos, wenn es biologisch sinnlos ist. Für Menschen kann es nur sinnvoll sein, wenn sie die biologische Gesetzmäßigkeit im Durchbruch auf die höhere Ebene einer Existenz überwunden haben, die zwar biologische Aufgaben einschließt, aber doch über sie hinausreicht – wenn sie geworden sind *wie Gott.* Nichts Geringeres aber hatte ihnen die Schlange für den Sündenfall versprochen, und Jahwe hat es als Faktum bestätigt (Gen. 3:22).

So wenig ein Tabu – eine Haltung scheuer, irrationaler Vermeidung – mit Bewußtsein und Einsicht zu tun zu haben scheint, so ausschließlich menschlich ist es doch. Der Religionsphilosoph Walter Schubart hat, im Anschluß an Wundts Völkerpsychologie, diese Zusammenhänge deutlich gesehen: „Das Tabu umschließt die unvereinbar scheinenden Begriffe heilig und unrein. Beide treffen sich in dem umfänglicheren Begriff des Unnahbaren, Unberührbaren.“

Heilig und unrein zugleich, das ist in der Tat die eigenartig ambivalente Haltung des alten Israel gegenüber der Sexualität, wie sie die Reinigungsvorschriften des Leviticus durchzieht und wie sie vor allem in dem kultischen Akt der Beschneidung – in symbolischer Kastration als Weg zur Selbstheiligung – Ausdruck findet. Wenn wir aber weiterfragen, wieso es geschehen kann, daß Sexualität dem Menschen erschreckend und verlockend, dämonisch und göttlich zugleich erscheint, hat das gewiß etwas zu tun mit der auf einer neuen Bewußtseinsebene entstandenen Zwiespältigkeit in Hinblick auf die eigene Triebhaftigkeit. Sie läßt sich psychologisch und theologisch unter verschiedenen Gesichtspunkten betrachten; hier, im biologischen Feld, soll dem Aspekt nachgegangen werden, daß sich hierin besonders auch die *männliche* Zwiespältigkeit gegenüber der Sexualität abzeichnet. Denn schließlich ist der Jahwist ein Mann, und er schreibt für Männer, sein Volk ist seit Jahrhunderten patriarchalisch strukturiert. Fern sind alle Erinnerungen an Zeiten mutterrechtlicher Sozietäten; nur einmal, in einem fossilen Denkrest der Genesis, tritt der Anklang an solche Gesellschaftsstrukturen noch zutage: ... *der Mensch wird Vater und Mutter verlassen und an seinem Weibe hangen* (Gen. 2:24). Sonst aber ist es eine Männerwelt, die sich als allgemeine Bewußtseinshaltung dieser Zeit erkennen läßt: Herrschaft der Ratio, Erkenntnis von „Gut und Böse", wachsender Primat des Verstandes über das Gefühl. Nichts mehr ist lebendig von dem selbstverständlichen Grundgefühl mutterrechtlicher Kulturen, nicht eine Muttergöttin als große Gebärerin steht mehr am Anfang, sondern ein männlicher Gott. Und Adam, der erste Mensch, wird – wenn auch ex latere und in tiefem Schlaf – zum paradoxen väterlichen Gebärer, so wie *er* nach dem Sündenfall sein Weib „erkennen" wird, um die Vermehrung des Menschengeschlechts in Gang zu setzen.

Der Mythos vom Sündenfall ist also eine Aussage in

der Bildersprache männlicher Seelen, er versucht die Erfahrungen zu bewältigen, die für Männer mit dem bewußten Erleben der Sexualität verbunden sind. Im Reifungsprozeß des einzelnen wird ja auch heute noch jedem Mann – in grundsätzlich anderer Weise als der Frau – erfahrbar, daß mit der Sexualität ein Einbruch von Numinosem, nicht rational zu Bewältigendem, Verlockendem und zugleich zutiefst Beunruhigendem sich vollzieht – daß in der Pubertät ein Paradies der Unschuld verlassen wird und daß Mannbarkeit den Eintritt in Unnahbares, in Heiliges und Unreines zugleich bedeutet.

Aber wer ist der Übeltäter? *Das Weib, das du mir zugesellt hast, gab mir von dem Baum, und ich aß* (Gen. 3:12), sagt Adam und weist damit die Schuld von sich und auf seine Partnerin zu. Das ist uralte Strategie menschlicher Psyche, es ist eine frühe, noch unvollkommene Stufe des Umgangs mit eigener Schuld. Eine höhere Reife der männlichen Selbsterkenntnis ist dokumentiert in dem Sündenfallbericht, den die Pangwe (ein Volksstamm der Bantuneger) in ihren Sagen bewahren. Dort verbietet der Schöpfergott Essamnyamaböge dem Urmenschen Mode, den er mit seiner Frau im Garten zurückließ, die Frucht Ebon vom Baum zu pflücken und zu essen, aber die Schlange Otöng überredet den Mann, das Verbot zu brechen. So ißt *er* – und der Name der Frucht, der identisch ist mit der Bezeichnung des weiblichen Genitals, macht klar, daß auch hier gemeint ist, daß er sein Weib „erkennt". Der rückkehrende Gott, vor dem das sündige Paar sich schamvoll versteckt, straft Mode-Adam, indem er ihm ewige Gottesferne androht, dem Weib aber wird befohlen: „Du wirst Menschen gebären, aber die eine Hälfte wird sterben, und die andere wird leben.“

Aber auch an sich selbst erfährt der Mann im Bereich der Sexualität eine tiefe Verwirrung. Er ist der Stärkere, der Herr, ja der gesetzliche Besitzer seines Weibes, sie ist in allen Männerkulturen sein Eigentum wie *Haus, Hof, Vieh und alles, was sein ist.* Und doch ist das zentrale männliche Erlebnis der vollzogenen Sexualität, das ihn als den Sieger sieht, der sein Weib „nimmt“, zugleich die Niederlage seines hellen Bewußtseins, ja sie ist, wie die Franzosen sagen, „la petite mort“, der kleine Tod. Männlicher Geschlechtsgenuß ist in seinem Kern eher eine Ohnmacht, ein besinnungsloses Hinsinken, als ein jubelnd-bewußter Sieg. Das wache Bewußtsein, der ganze Stolz rationaler Männlichkeit, ist auf dem Feld der Sexualität bedroht, wird einzig hier vom Gefühl hinweggeweht und versinkt bei Erreichen seines Zieles in tiefere, dem Willen nicht verfügbare seelische Bereiche.

So kann der Mann sehr wohl spüren, daß eigentlich *er* der Hingebende ist, daß sich das Abhängigkeitsverhältnis der Frau zu ihm in diesem Erlebnis umkehrt (zurück in die alte Richtung seiner mutterrechtlichen Kindheit). Unabwendbar drängt sich der männlichen Psyche die Vorstellung auf, im Liebesakt Lebenskraft verströmt und geopfert zu haben, und ebenso gesetzmäßig verlangt solche subjektive Erfahrung nach ihrer rationalen Objektivierung. Die aber kann dann nur heißen: Der Mann deutet seine Schwäche als Überlegenheit der Frau, seine momentane Bewußtseinstrübung als dämonische Verzauberung und Machtergreifung durch sie. Wieder hat Walter Schubart diese Zusammenhänge besonders klar ausgesprochen. Er sagt vom ersten Mann, dessen Bewußtsein der geschlechtlichen Liebe konfrontiert wird: „Ihn würgte dasselbe Gefühl der Verstrickung, des Verfallenseins an eine überpersönliche Macht, die wie von außen auf ihn einbrach. Der Mensch erlebte das erste Weib, wie er die ersten Dämonen erlebte: voll Angst und Sehnsucht."

In allen Gesellschaften, die von dieser Bewußtseinshaltung bestimmt sind, sehen wir den Prozeß der Projektion solcher vom Mann als dämonisch erfahrenen Mächte auf die Frau – sie wird abgewertet, wird zum rechtlosen Besitz, zum unreinen, profanen Geschlecht. Sie ist weniger wert: Ein Mann wird auf fünfzig Silberlinge geschätzt, *ein Weibsbild auf 30 Silberlinge* (Lev. 27:4). Das Allerheiligste, der Tempel, bleibt ihnen verschlossen; in China dürfen sie den Tempel überhaupt nicht betreten, bei den Sibiriern dürfen sie die Götter nicht anrufen, bei den japanischen Ainus nicht einmal beten. In der griechischen Mythologie kam in der Gestalt der ersten Frau, der Pandora, alles Elend und alles Unglück in die bis dahin heile Männerwelt, und auch im christlichen Kulturkreis bedurfte es aller theologischen Anstrengungen, um der Frau (die in der Kirche zu schweigen hatte) wieder den Status eines beseelten Menschen zuzuerkennen.

Ein Schritt zu tieferer Einsicht in die Herkunft seines Unbehagens bei der schicksalhaften Verstrickung der Geschlechter ist getan, wo der Mann seine *eigene* Triebhaftigkeit als die Quelle dessen erkennt, was ihm als böse erscheint. Immer noch ist es nicht er selbst, der sündigt, aber doch ein Teil von ihm, ein in ihm nistender Dämon, den man vertreiben kann, oder eins der Glieder seines Leibes, das er in strenge Zucht nehmen muß. *Ich habe einen Bund gemacht mit den Augen, daß ich nicht achte auf eine Jungfrau,* rühmt sich Hiob vor allem anderen, was er sonst noch Gutes getan hätte (Hiob 31:1). In dieser Bewußtseinsstufe hat das weibliche Geschlecht seine Dämonie verloren; nicht länger ist Eva eine Hexe, ein teuflischer Succubus, allenfalls noch eine „femme fatale", die männliche Begierde anstacheln und schamlos ausnutzen kann. Nicht der Frau schlechthin gilt nun die männliche Abwehr – ihre Schönheit kann von ihm bewundernd im Hohenlied besungen werden, aber keusch und züchtig muß Eva sein, muß durch ihre Schamhaftigkeit der stumme Gehilfe werden in dem Bund, den Adam mit seinen Sinnen und Trieben macht. Tut sie das nicht, ist sie lüstern und schamlos, so gilt ihr der ganze Zorn einer Männerwelt, für die sie in diesem Zustand zur Gefahr wird. So urteilt der weise Salomo in der saftigen Derbheit eines Ausspruchs: *Eine schöne Frau ohne Zucht ist wie eine Sau mit goldenem Haarband* (Spr. 11:22)

Trieb und Moral

Am Ende der Entwicklung der Geschlechterbeziehung steht ein mündiges Verhältnis gleichwertiger Annahme im Erkennen von „Gut und Böse", was hier nur heißen soll: Annahme der eigenen Schuld und Verzicht auf das Weiterreichen an den Partner. *Beide* sind sie nackt, *beiden* sind die Augen aufgegangen, *beide* sind damit in der Lage, sich über die Bewußtseinsstufe unschuldiger Tiere zu erheben und so zugleich sich selbst schuldig zu fühlen. *Beide* aber haben auch die Möglichkeit, das ungerichtete, dumpfe Schamgefühl in eine reflektierte Handlung liebenden Respekts voreinander umzuwandeln. Denn nicht allein vor Gott, dessen Gebot sie übertraten, verhüllen sie sich, sondern auch und sogar zuerst voreinander (Jahwe war fern, als der Sündenfall geschah, er kehrte erst *in der Abendkühle* zurück in den Garten). Jeder von beiden macht einen hilfreichen „Bund" mit den Augen des anderen! Dessen Begierde nicht dauernd zu reizen, dessen freie Willensbildung zu schonen und zu erleichtern, bleibt der letzte Sinn des Feigenblattes. Sich zu schämen einer Macht, die man über andere hat, die Insignien dieser Macht zu verhüllen und so – in Demut und liebendem Mitgefühl – dem anderen seine Freiheit zu lassen, deren Verlust man doch erzwingen könnte, das ist die humanste und edelste Form, in der Schamgefühl sich äußern kann. Die vergleichende Verhaltensforschung hat am Menschen wie am Tier gezeigt, daß bestimmte Auslöserreize zum angeborenen Programm der Psyche gehören. Zwangsläufig springen die Triebe an und steigern sich von Stufe zu Stufe, wenn bestimmte Töne, Gerüche oder Bilder auf sie einwirken. Werden diese angeborenen Auslösermechanismen übermächtig, so lösen sich auch die ihnen eventuell entgegenstehenden Hemmungen, und die Mechanik des Verhaltens drängt geradewegs zur Endhandlung.

Daß auch der Mensch in solchem Gefühl willenlos triebhaft werden kann, bleibt leidvolle Erfahrung, die zumindest im Drogenrausch oder im Affekt verminderter Zurechnungsfähigkeit jedermann zugänglich ist.

Unmündige und Kranke sind „Triebtäter“, der Mündige dagegen vermag sich selbst urteilend und einschränkend gegen die Angebote seiner Antriebe zu stellen. Verführung heißt nun, bewußt für solche Triebe Anreize zu setzen und mit überoptimalen Auslösern zum Kampf um die Vorherrschaft im Haushalt der Seele eines anderen anzutreten. Das Breitband der kommerziellen Werbung benutzt heute alle psychologischen Tricks dieser bewußten und zutiefst respektlosen Manipulation.

Schamgefühl – Verzicht auf triebhafte Überrumpelung und zugleich Bewahrung vor der abstumpfenden Allgegenwärtigkeit der Reize – wird zum echten Bestandteil partnerschaftlicher Liebe. Eine moderne Sexualaufklärung, die mit Eifer gegen alle Tabus vorging und Befreiung vom Schamgefühl mit Kants „Auszug aus der selbstverschuldeten Unmündigkeit“ gleichsetzte, vergaß diese andere, edlere Komponente der Scham. Sie hat viele Hüllen – die ersten sollen fallen, wo der Sexus dem Eros dient, die letzten Hüllen der Scham aber legt nur blanke Verachtung und maßloser Haß ab, niemals die Liebe. Im Gegenteil, Liebende finden neue Möglichkeiten gegenseitiger Schonung, gegenseitiger Befreiung zu sich selbst und gemeinsamer Abwehr des grauen Gespenstes geschlechtlicher Routine. Und so – in der Solidarität der Sünde zu liebenden Partnern geworden, zu „einem Fleisch“ – heißt es von Adam und Eva: *Sie flochten Feigenblätter zusammen und machten sich Schürzen.*

Diesen Aspekt des Schamgefühls sah bereits Kant. In seiner Schrift „Mutmaßlicher Anfang der Menschengeschichte“ (1786) schrieb er: „Das Feigenblatt war also das Produkt einer weit größeren Äußerung der Vernunft, als sie in der ersten Stufe ihrer Entwicklung bewiesen hatte. Denn eine Neigung dadurch inniglicher und dauerhafter zu machen, daß man ihren Gegenstand den Sinnen entzieht, zeigt schon das Bewußtsein einiger Herrschaft der Vernunft über Antriebe."

Uns bleibt im humanbiologischen Bereich die Frage, woher diese Sünde stammt, die doch zuletzt keiner dem anderen anlasten kann, weil sie – felix culpa – beide gemeinsam trifft in der Liebe, weil sie, Strafe oder Geschenk, nur von außen kommen kann. Und das Weib sprach: *Die Schlange betrog mich also, daß ich aß* (Gen. 3:13). Was soll die Schlange in diesem Mythos, dies Tier der Ungnade, das auch bei zahllosen anderen Völkern in Mythen und Sagen auftritt, Unheil und Heil bringt und fast immer im Zusammenhang steht mit dem Ursprung, dem Chaos des Weltenanfangs und dem Urmeer?

Daß die Schlange „listiger" ist als alle Tiere auf dem Felde, drückt gewiß alte Beobachtungen und Erfahrungen eines Volkes aus, dem in den Steppen und Dornensavannen oft genug eines dieser Tiere *in die Ferse sticht.* Giftig, von heimtückischer Macht trotz geringer Größe, in unbegreiflicher Weise beinlos sich auf dem Bauche fortbewegend, kalt, von ungestümer, drängender Kraft, mit gespaltener Zunge und der Fähigkeit, aus der eigenen Haut schlüpfend sich gleichsam zu verjüngen und den Tod zu überwinden, und schließlich mit dem Leib wie mit dem aufgerichteten Kopf ein Abbild phallischer Männlichkeit, die Leben spendet – so präsentiert sich die Schlange dem Menschen in geheimnisvoller, bedrohlicher Besonderheit. Sie ist in der

Tat anders *als alle Tiere, die Gott Jahwe geschaffen hatte* (Gen. 3:1). Wenn es Sonderung und Sünde in der Schöpfung gibt, dann muß sie in ihr greifbar werden. Doppelzüngig muß sie der „Vater der Lüge“ sein, als Giftschlange den Tod und als Phallus das Leben spendend, zugleich selbst unsterblich, muß sie dem Ursprung der Welt nahe sein, heilig und unrein zugleich, dämonisch und widergöttlich. Und ihr Kriechen auf dem Bauch kann in diesem Sinne nur bedeuten, daß sich ein Strafgericht an ihr vollzogen hat, in dem ihr die Beine genommen wurden.

Wenn der Jahwist sagt, daß Feindschaft gesetzt ist zwischen sie und die Menschen, so könnte die humanbiologische Verhaltensforschung in der Sprache unserer Zeit kommentieren, daß Schlangenfurcht ein biologisches Radikal des Menschen ist, daß ein angeborenes Ekelschema – eine Phobie im kollektiven Unbewußten – auf dem Bild der Schlange lastet. Konrad Lorenz zeigte am „Kindchenschema“, wie bestimmte Merkmale an einem Lebewesen unsere instinktive Zuneigung hervorrufen, ebenso läßt sich die instinktive Abneigung nachweisen, die als Feindschaft zur Schlange, zum kalten, sich schlängelnden, zischend Züngelnden in unserer Psyche wohnt. So bewertet unser Unterbewußtes die Schlange, darum fällt ihr die Rolle der doppelzüngigen, giftigen Betrügerin im Paradies zu. Damit aber ist zugleich zur Bewältigung des religiösen Urerlebnisses der Sexualität eine neue entlastende Lösung gefunden für die von der männlichen Ratio gestellte Frage nach dem Woher der Sünde: Die Schlange, mächtige Urnatur und zugleich Fremdling im Garten der Unschuld, hat uns verführt! Dieser Natur, die Geburt

und Tod bedeutet, ist Eva näher als Adam: Früher als im Mann setzt in der Frau die Geschlechtsreife ein, eher als er kann sie erkennen, *daß vom Baum gut zu essen wäre und daß er lieblich anzusehen* (Gen. 3:6), und deutlicher als er kann sie die drängende Sprache dieser Natur in ihr und um sie herum vernehmen und sprechen. Adam selbst spricht ja nicht mit ihr – hört er sie überhaupt? Erfährt er nicht erst beim göttlichen Verhör aus Evas Mund, daß die Schlange es war, die so doppelzüngig gesprochen hatte?
Die verschiedene Rolle der beiden menschlichen Partner beim Sündenfall wird also vom Jahwisten archetypisch genau getroffen – in einer mündigen Bewußtseinsstufe wird der Mensch sich hier wiedererkennen in seiner polaren Spannung als Mann und Frau. Aus solcher Einsicht wächst dann auch die Hoffnung, daß in der Liebe die Schlange besiegt, die Sündhaftigkeit vermieden und das Paradies in neuer Unschuld wiedergewonnen werden kann. Das Ideal der Keuschheit, der absolute Verzicht auf „Natur", die Taubheit gegenüber der Schlange, sind daher als höchste Zeichen einer Elite und als Ausweis ihrer „Heiligkeit" bei allen Kulturvölkern angestrebt worden, die diese Bewußtseinsstufe erlangt haben. Und wirklich kann die vergleichende Völkerkunde mit zahllosen Beispielen dafür aufwarten, daß Enthaltsamkeit beider Geschlechter – speziell im Priesterstand – als ethische Leistung von der Sozietät erwartet und honoriert wird.
Die geschlechtliche Begierde, biologisch die absolute Voraussetzung für die Existenz der Art Homo sapiens, wird hier im Bewußtsein der höchstentwickelten Individuen dieser Spezies zu einem bedenklichen Relikt.

Mann und Frau erhoffen gemeinsam die Befreiung von dem, was sie doch zugleich so dringend ersehnen, und zuletzt ist die der Schlange so viel nähere Eva sogar die, von der die Absage an die Begierde ausgehen soll. Adam reicht ihr den Apfel zurück, und sie verwirft ihn. So spitzen sich im hohen Mittelalter der Fluch und die Hoffnung des Sündenfalls auf einen Punkt zu: Aus der neunten Sphäre des Paradieses, in die kein Mann ihr folgen kann, läßt Dante seine geliebte Beatrice klagen:

„Begierde, die du furchtbar kannst entstellen
den Menschen; daß nicht einer bricht dein Joch!"
(Paradiso 27, 121.)

Doch gegen solche Hoffnung setzt der Jahwist die Engel mit dem Flammenschwert, die den Weg zurück ins Paradies versperren. Askese, das weiß die Erfahrung menschlicher Seele, kann das „Joch" der Begierde brechen – aber in der Liebe zueinander entdecken zwei Menschen immer wieder neu, daß es die Kraft gibt, sich und den anderen anzunehmen, so wie wir sind: im Joch der Begierden und zugleich in der Freiheit, es abzulegen und im Gehorsam gegen Gott der Schlange den Triumph zu versagen und über sie zu herrschen wie über alle Kreatur. Dazu bedarf es der vollen Mündigkeit und Reife, die nur auf dem dornigen Acker, jenseits von Eden, im Schweiße des Angesichts erworben werden kann, nachdem nun einmal die Erkenntnis von Gut und Böse uns zugefallen ist. Diese Reife bleibt ein letztes Ziel, sie wäre die Weisheit, um die Salomo fleht und von der er sagt, daß sie einst Adam behütete *und brachte ihn aus seiner Sünde und gab ihm Kraft, über alles zu herrschen* (Weisheit 10:2).

KRISE UND WANDLUNG

Die Welt des Mythischen ist ein Ort der Begegnung von Natur- und Geisteswissenschaft.
Adolf Portmann

Kain und Abel sind uns scheinbar ganz nahe: Sind sie nicht allzumenschliche Brüder eines allzumenschlichen Elternpaares? Erfordert es nicht unsere Ehrlichkeit zuzugeben, daß wir in Kains Zorn und Mißgunst, die hier zum ersten Mord der Geschichte führen, uns selbst wiedererkennen? Und doch müssen wir aus dieser Nähe heraus, müssen die beiden zunächst in weitem Abstand zu uns selbst rücken, wenn wir ihnen gerecht werden wollen. Denn wir stehen nicht vor einem Kriminalfall unserer Tage, sondern vor einem sagenhaften Bericht aus den fernen Zeiten jenseits der ersten Jahrtausende vor Christi Geburt, wir halten die letzten schriftlichen Spuren einer noch sehr viel älteren Überlieferung in den Händen und werden durch sie in eine Frühzeit menschlicher Weltbewältigung hineingeführt, die sich vom rationalen Denken unserer Tage grundsätzlich unterscheidet. Wir stehen vor einem Mythos.
In diese Welt des Mythischen, die in ihrer Bilderfülle so geheimnisvoll und lockend hinter unserer Tageswirklichkeit liegt, kann man nur eindringen, wenn man die Bereitschaft mitbringt, sich von der Kraft und Wahrhaftigkeit jener Bilder anrühren zu lassen. Sie sind wie Urworte einer verschollenen Sprache, deren Sinn uns erst aufgeht, wenn wir bereit sind, ihnen absichtslos zu lauschen und unter Verzicht auf unsere eigenen Wünsche und Übersetzungskünste die versunkenen Schichten unseres Inneren wach werden zu las-

sen, bis wir uns wieder erinnern. Vor dem harten Zugriff unserer Ratio verflüchtigen sich diese Urbilder schnell, denn was kann schon übrigbleiben von einem Mythos, wenn wir ihn in historische Dimensionen pressen und nach seinen zureichenden wissenschaftlichen Bedingungen fragen. Entmythologisierung heißt da oft nur Entzauberung und grobes Zerstampfen, eine Tätigkeit, die einen Scherbenhaufen hinterläßt. „Verschwindet doch, wir haben aufgeklärt!“ Dieser herrische Ruf der selbstbewußten Ratio vertreibt nicht nur Schatten und Gespenster, sondern er bringt auch alle mythischen Bilder schnell zum Schweigen, die uns doch eine Botschaft auszurichten haben.

Ein solches herrisches Wort der rationalen Entzauberung hat früh schon dem Bruderpaar Kain und Abel gegolten. In der Priesterschrift, die in unserer Bibel dem jahwistischen Bericht vom Bruderpaar vorangestellt ist, sind sie verschwunden. Kein Wort dort in einem jüngeren Text, dessen Autoren den alten Bericht wohl kannten – von Eva, der Urmutter, auch keines von ihrem Sündenfall und keines von ihren Söhnen Kain und Abel. In betonter Sachlichkeit, aller bunten Bilderfülle entkleidet, nimmt die Priesterschrift nach dem eingeschalteten dramatischen Kain-und-Abel-Bericht des Jahwisten den Faden ihrer Erzählung später wieder auf und berichtet lediglich, daß Adam mit 130 Jahren einen Sohn Seth gezeugt habe *nach seinem Bilde* (5:3). Von diesem Seth zieht sich die Stammlinie zu Noah, zu Abraham, zu uns. Nur Seth ist also Kind Adams, nicht – wie wir doch eben noch in Genesis 4 lasen – Kain und Abel zuvor, es hat das ältere Bruderpaar nie gegeben! Für das priesterliche Selbstverständnis der

Leviten, ja für das Bundesbewußtsein Israels, sind die feindlichen Brüder Kain und Abel überflüssig und entbehrlich. Mehr als das: Sie wären gefährlich und müssen darum der Redaktion verfallen. Denn dieser Mythos kommt aus Bewußtseinstiefen eines gerade überwundenen babylonischen Zeitalters, er ist „heidnisch" und kann allenfalls als archaisches Relikt einer überwundenen Epoche geduldet werden.

Unsere Absicht, die nach Kain und Abel fragt, hat also den gegenteiligen Weg zu nehmen wie die Priesterschrift. Wir haben ohne Scheu den Graben zum „Heidnischen" zu überspringen, wenn wir in den Bereich kommen wollen, in dem diese Urbilder leben. Wir können diesen Sprung in doppelter Unbefangenheit tun; als Christen ist uns die Genesis nicht „Thora", nicht Gesetz des einzigen Gottes Jahwe, dem jeder Blick in das semitische Pantheon schon Sünde und Abfall bedeutet, sondern das erste Buch Mose ist uns Basis und Mutterboden für das Verständnis des Christus-Geschehens, und niemand hindert uns, diesen Humusboden unbefangen zu betrachten. Aber auch im Abstand von jeder eigenen Konfession können wir – vor das Phänomen eines Mythos gestellt – die Methoden der strukturalistischen Mythenforschung, der Religionsgeschichte und Sprachwissenschaft anwenden, um eine Antwort auf unsere Frage nach Kain und Abel zu finden.

Wir werden daher so vorgehen müssen, daß wir zunächst den mythologischen Ort dieses Brüderpaares bestimmen, also gewissermaßen die geisteswissenschaftlichen Koordinaten suchen, die uns gestatten, Kain und Abel in ihrer geistigen Position zu erkennen. Als nächstes wird die Frage zu stellen sein, was die Geschichte vom Brudermord und von Kains Bestrafung eigentlich berichten will. Schließlich wird es dann nötig sein zu prüfen, was dieses mythologische Geschehen uns als unvergängliche Botschaft noch heute zu sagen hat.

Wer sind Kain und Abel?

Der Text der Genesis selbst läßt in seiner inneren Logik keinen Zweifel: Kain und Abel – das sind *nicht* wir! Kein Weg der Abstammung (um die es doch immer wieder so eindringlich geht) führt von Kain und seinen Nachkommen zu uns. Sie alle verderben in der Sintflut, und nur ein Nachkomme Seths (also von Evas drittem Sohn, den Gott ihr *gab für Abel, den Kain erschlug)*, nur Noah übersteht die Flut und wird so zu unserem Stammvater. Damit sagt der Text also, daß allenfalls eine ausgestorbene Menschenrasse, die *vor* uns regierte, nicht aber unsere direkten Vorfahren die Träger des Kain-Geschehens waren. Was geht es *uns* dann eigentlich an, wenn in jenem versunkenen und verdammten Geschlecht der Bruder den Bruder erschlug? Die Frage klänge überheblich und ketzerisch, gäbe es nicht auf den späten Seiten der Bibel, die von *uns* berichten - von Noahs Nachfahren –, Mord und Totschlag, Sünde und Verbrechen genug, um sogleich die Bestätigung zu erhalten, daß unsere Rasse durchaus nicht besser ist, als es jener Kain war. Nur *andere* sind wir, das ist die klare Botschaft des Textes. Wer aber waren dann Kain und Abel, welches Geschlecht verkörpern sie?

Wenn sich in der Welt des Mythischen, wie Portmann sagt, Natur- und Geisteswissenschaft begegnen, so wird doch in dieser Begegnung sogleich ihr Unterschied sehr deutlich. Die Naturwissenschaft hat auf unsere Frage nach den Vorfahren des heutigen Menschen, nach den ausgestorbenen Geschlechtern vor uns, nur eine mögliche Richtung der Antwort: Sie weist nach unten, auf tiefere Stufen der Evolutionsleiter. Für sie ist Menschwerdung *Aszendenz,* Aufstieg aus den Niederungen der Materie. So bleibt ihr keine andere Aussage als die, von Urmenschen oder Vormenschen zu sprechen, oder allenfalls beim Neandertaler von einer Art Nebenmensch. Ihr Hinweis auf tötende und „unstet und flüchtig" jagende Urmenschen, deren Aggressionstrieb sich auf uns vererbte, kann uns hier aber nicht weiterhelfen, er bringt uns eher in Verlegenheit. Denn in solcher Logik müßten wir Adam und Eva, die doch nie töteten, als noch urmenschlicher und noch unmenschlicher ansehen, andererseits aber den Sethiten ein höheres Evolutionsniveau zubilligen, und doch kommen auch sie als arge Sünder in der Sintflut um.

So bleibt dem naturwissenschaftlichen Denken nur der bescheidene Rückzug in einen Ausweg, der zunächst recht plausibel klingt. Im Verzicht auf Deutung zurückliegender Jahrmillionen und in der Beschränkung auf die letzten Jahrtausende der Evolution des heutigen Homo sapiens muß der Übergang vom Sammler- und Jägerstadium zum Ackerbau, der sich in den Kulturzentren vollzogen hat, zu gewaltigen Spannungen geführt haben. Sollte nicht in dieser größten aller Kulturrevolutionen (wie in jeder späteren auch) sehr oft der Bruder den Bruder erschlagen haben, und sollte

nicht die Erinnerung an jene Umwälzungen und Spannungen das Bild von Abel dem Hirten und Kain dem Ackermann geformt haben? Diese Deutung des Kain-und-Abel-Mythos kommt in der Tat unserem rationalen Bedürfnis so sehr entgegen, daß sie vielfach schon als historische Tatsache verstanden wird. Und doch spricht unser Text dagegen, denn er berichtet vom Tod des Hirten Abel und vom Ende aller Nachfahren des Ackerbauern und Städters Kain. Seth erst – nochmals muß es gesagt sein – ist beim Jahwisten (4:25) wie auch in der Priesterschrift (5:3) unser Ahne, *sein* Sohn erst heißt „Mensch“ (enosch), seine Nachkommen erst werden Sammler und Jäger, ja sogar Nomaden und Beduinen, und sie werden auch Ackerbauern und Städtegründer. Naturwissenschaftliche Deutung kann uns also nicht weit führen bei einem Text, der keine Naturwissenschaft ist – kein frühes Lehrbuch der naturwissenschaftlichen Anthropologie und Völkerkunde –, sondern der als heilig verstanden werden will, das heißt, der vom göttlichen Wirken, vom Numinosum, vom geistlich Offenbarten, berichtet.
So gibt es für den Weg des forschenden Deutens nur den geisteswissenschaftlichen Ansatz, bei dem die andere Richtung für die gestellte Frage gilt: die nach oben weisende. Kain und Abel wären dann nicht unbedingt weniger als wir, sondern vielleicht *mehr!* Sie wären keine Menschen, sondern Heroen, Götter. Auch wenn uns das zunächst ein ungewohnter Gedanke ist, ist er doch mythologisch ganz legitim, denn wo immer im Mythos die Herkunft des Menschen angegeben wird, ist es eine *Deszendenz,* ein Abstieg aus den Höhen des Geistes, eine Passage von göttlichem Ursprung über

Stufen und Zwischengestalten halbgöttlicher Art herab zum Bodensatz der endgültig nur noch menschlichen Geschöpfe. In dieser Richtung des Geschehens und in diesen Stufen und Stadien seines Ablaufs sind sich die Ursprungsmythen aller menschlichen Kulturen so erstaunlich einig, daß wir betroffen vor einem Urphänomen menschlicher Erkenntnis stehen: Götter überall, Götterhierarchien und sich ablösende Göttergeschlechter! Da ist stets ein erster Ursprung, meist eine weibliche Urmutter, die einen Sohn-Gatten aus sich heraus gebiert; da sind die Urgottheiten von Himmel und Erde, Titanen, Heroen. Zwischen ihnen herrschen heilige Hochzeit, aber auch Tod und Verderben, Blut und Zerstückelung. Und in diesem Prozeß des Herabsteigens gibt es dann endlich – oft nach einer langen Kette von Gestalten und Ereignissen – den „Menschen" als den letzten, kleinsten, elendesten in dieser Schar. Die kraftvolle Gewißheit, daß es so war, daß wir vom Geist herkommen und mühsam herabstiegen auf diese Erde, die zugleich unsere Mutter ist, uns gebiert und wiederaufnimmt im Tod, diese Gewißheit gehörte in früheren Jahrtausenden untrennbar zum Menschen und formte sich zu immer neuen mythischen Bildern aus. Es sind Bilder, die wir auch heute noch verstehen können, wenn wir uns erinnern an eine Wahrheit, die in uns ruht und wirkt, auch wenn sie vom Tagesbewußtsein unserer rationalen Welt zugeschüttet ist. In der Nacht taucht unsere Seele im Traum wieder hinein in die Archetypen – wie sie die heutige Tiefenpsychologie seit C. G. Jung wiederentdeckte –, kennt sich dort aus, weiß von Göttern und Dämonen und kehrt gekräftigt in den Tag zurück, der keine Götter gelten läßt.

Dieses Tagesbewußtsein weiß von keinen Göttern. „Es gibt sie nicht", sagt die Naturwissenschaft (zumindest nach Ansicht derer, die sie als bequemeren Religionsersatz wählen). „Es gibt nur *einen*", sagt das christliche Dogma (dem jeder „ehrliche Atheist" immer noch lieber ist als ein verschwommener Polytheist). Doch ist das nur der erste Anschein. Tatsächlich hat die Naturwissenschaft zum Göttlichen gar nichts Eigenes auszusagen – ein Gott ist ihr so nah oder so fern wie hundert Götter. Und der eherne Monotheismus des Christentums kennt doch im Grunde durchaus eine Hierarchie geistiger, personaler Wirklichkeit: von der Trinität an der Spitze über die Ränge der Engelchöre bis hin zu den Dämonen und Fürsten der Unterwelt. Wie sollte ein Christ nicht von göttlichen Geistern wissen, die doch Christus in der Wüste dienten, oder von den Dämonen, die er austrieb? Er kann eigentlich nur alles miteinander annehmen im Glauben (die *ganze himmliche Heerschar*, die zusammen mit Himmel und Erde geschaffen wurde, Gen. 4:2) oder alles verleugnen. Wenn es Gott gibt und Geist, dann gibt es auch Abstufungen unseres Begreifens, Potenzen dieser absoluten Wirklichkeit, dann gibt es auch Existenz *oberhalb* des Menschen. Das allein ist es und nicht etwa eine Konkurrenz zu unserem christlichen Gott, was wir hier als „Götter" bezeichnen, um dem Mythos gerecht zu werden. In diesem Sinn, oberhalb des Menschen in seiner heutigen Gestalt, haben wir Kain und Abel mythologisch als Götter zu begreifen. Es gibt keinen anderen Weg: Wenn wir die Mythen verstehen wollen, haben wir nicht zu prüfen, ob es Götter gibt, sondern müssen zur Kenntnis nehmen, daß von ihnen die Rede ist!

Mit dieser neuen Sicht aber wäre nicht viel gewonnen, hätten wir nicht mit ihr zugleich den Zipfel einer Hierarchie, einer dreifachen Schichtung geistiger Rangordnungen, in der Hand. Denn oberhalb des Brüderpaares steht als vorangehende Dynastie das Elternpaar Adam und Eva, unterhalb aber folgt das Geschlecht der Sethiten. Solche Schichtfolgen („Potenzen" im Sinn Schellings) gibt es auch sonst überall im Mythos. Am deutlichsten schildert sie uns das griechische Pantheon, wo Gaia und Uranos als ältestes Göttergeschlecht von den Titanen (Kronos) abgelöst werden, von denen dann aber die Olympier (Zeus) ausgehen. Bei den Römern sind es Janus, Saturn und Jupiter, die als göttliche Instanzen aufeinanderfolgen; bei den Germanen wird Ymir von den Asen abgelöst. Würden wir von der starren Trennung zwischen Menschen und Göttern einmal absehen – und dies ist die eigentliche Botschaft der antiken Religion –, dann dürfen wir also unsere erkannte Schichtenfolge Adam-Kain-Seth(-Noah) zum strukturalistischen Vergleich in die antike Götter- und Heroensystematik einbringen.

Doch müssen wir zuvor noch versuchen, die Mythologie des Jahwisten ganz auszuschöpfen, also auch *oberhalb* von Adam und Eva nach einem Götterpaar suchen. Schafft Jahwe die Welt und den Menschen nach unserem Text wirklich allein, oder gibt es auch bei ihm – der doch am vorfindlichen Material einer noch älteren Schicht wirkt – an „Himmel und Erde" einen Partner wie beim Titan Kronos, der mit Rhea in ehelicher Gemeinschaft an „Uranos und Gaia" wirkt? Muß nicht auch unser jahwistischer Text vor dem Hintergrund

solcher uralter chthonischer Schöpfungsmythen gelesen werden, in denen stets eine mütterliche Erde das erste, der Urgrund (das Chaos) ist, aus dem erst der Erzeuger geboren wird, um dann in gemeinsamem Götterwerk (Hieros gamos) das All und die Lebewesen zu schaffen? Die Gaia-Erde (äräz) gewinnt in der Tat sogleich mit dem Einsetzen von Jahwes Wirken einen neuen Namen: Er *durchfeuchtete sie mit aufsteigendem Nebeldunst* (2:6), und so wird sie zum Ackerboden, zur „Adama". Er entwirft sich hier also als erste Schöpfungstat eine „Gehilfin", wie er sie später auch Adam zudenken wird. Überall im folgenden Text blickt diese Gehilfin noch durch die Zeilen als eine handelnde Person, diese chthonische Chaosmacht Adama – ganz zu schweigen von „des Chaos wunderlichem Sohn", der Schlange, und dem sich aus der Erde aufrichtenden Baum (beides uralte symbolische Sendboten und Geschöpfe der Mutter Erde).
Adama erstellt das „Material" (mater = Mutter), aus dem Adam gemacht wird, so wie im lateinischen Raum aus Humus – der schwarzen, sumpfigen Erdgöttin – der Homo (Mensch) wird. Aber dieses Werden ist nicht einfach nur Jahwes Töpferkunst, mit der er allein aus Adama alle *Tiere auf dem Felde und Vögel unter dem Himmel macht* (2:29), sondern in einem eindrucksvollen Bild der heiligen Ehe von Geist und Materie wird das Geheimnis der Menschwerdung geschildert: Jahwe nimmt die feinsten Teile des roten Lehms (Staub von Adama) und bläst dem Gebilde – dem „Golem" – seinen Gottesodem (neschama) ein. Und so – erst so, also nicht allein aus der Adama – wurde auch der Mensch, was die Tiere allein aus ihr bereits waren: *ein leben-*

diges Wesen (4:7). Ähnlich konnte Prometheus in der griechischen Ursage die Menschen wohl allein aus den Seelenteilen der Tiere formen, aber erst Athenes (Zeus') Geisteshauch, ihnen eingeblasen, macht sie zu wirklichen Menschen aus Materie und Geist.

Doch Jahwes Werk ist nicht voll gelungen! Nicht am Gottesodem Neschama, aber am „Material", am mütterlichen Anteil der Adama, bleibt eine Schwäche. Der Sündenfall offenbart sie; in ihm erfährt das edelste Geschöpf Jahwes erstmals die Last seiner Doppelnatur: *Der Geist ist willig, aber das Fleisch ist schwach* – das galt ja schon im Garten Eden! Die Erkenntnis dieser Doppelnatur beider – Eva ist Adams „Rippe", von ihm mit göttlicher Hilfe geboren und somit von gleichen „elterlichen" Bestandteilen – hat das erste Menschenpaar horizontal und vertikal gespalten. Horizontal ist das Oben des Guten und Unten des Bösen, vertikal in Mann und Frau als vorher nicht wahrgenommene Pole, zwischen denen nun die Spannung der doppelten Herkunft für alle Zeiten hin und her schwingt, zur Vereinigung drängend und in der Vereinigung immer wieder erfahrend, daß bei jedem von beiden dieses „Fleisch" zweifachen Ursprung hat und sich zu getrennter Heimat zurücksehnt: Erde zu Erde und Geist zu Geist.

In Jahwes Strafgericht wird deutlich wie in einem ehelichen Zwist, wo er den Fehler bei seinen Geschöpfen sieht: im mütterlichen Anteil, in der Materie, nicht in seinem Geist, dessen Hauch er in den Lehm bannte. Jahwe sagt zu Adam nicht (was doch zu erwarten wäre): Verflucht seist du um deiner Missetat wegen (so sprach er vorher zur Schlange, dem direkten Sprößling und Abgesandten der Erde). Sondern er sagt: *Verflucht sei die Adama um deinetwillen* (3:17), *Dornen und Disteln soll sie dir tragen!* Und dann – Schlußwort und Begründung der göttlichen Strafpredigt, die nochmals in aller Deutlichkeit den väterlichen Teil vom mütterlichen absetzt: *Denn(!) Staub* (von Adama) *bist du und sollst wieder zu Staub* (von Adama) *werden!* Das ist fast eine Aufkündigung der Ehe und des Werkes, fast eine Rückgabe des Geschöpfes an sein Material. Aber in Adam (dem „Ebenbild", wie ihn die Priesterschrift später nennen wird) bleibt genug göttliche Kraft des Neschama zurück für eine herrisch-trotzige Antwort des Sohnes an den seine Mutter verfluchenden Vater: Adam nennt nun sein Weib, die „Männin" (ischa) aus seinem Fleisch, Eva (chawwa) – „Mutter alles Lebendigen". So überträgt Adam den alten Titel der Erdmutter auf Eva. *Sie* wird ihm neue Adama, denn sie ist nicht verflucht; sie wird ihm nicht Disteln und Dornen tragen, sondern Söhne und Töchter. In ihr erkennt Adam die neue „Potenz", die neue Gestalt der chthonischen Schöpfungsmaterie, sie wird die tragende „Mutter Erde" für die nachparadiesische Menschheit.

Wir haben also – um zu unserem Gedankengang zurückzukehren – oberhalb der Ureltern Adam und Eva in unserem Text eine weitere mythisch-personale Instanz gefunden: Jahwe und seine chthonische Gehilfin Adama. Damit ist unsere mythologische Geschlechterfolge auf fünf Glieder angewachsen: Kain und Abel in der Mittelposition und je zwei oberhalb und unterhalb von ihnen. Um diesen nun erkannten mythologischen Ort des Brüderpaares noch deutlicher zu machen, drängt sich der Versuch auf, die fünfgliedrige Kette göttlich-menschlicher Deszendenz mit einer anderen, ebenfalls fünfgliedrigen Aussage über die Menschwerdung zu vergleichen, wie sie uns aus der gleichen Zeit des ersten vorchristlichen Jahrtausends der griechische Hirtensänger Hesiod in seinem letzten Lied überliefert hat. Gleich in der Überschrift wird da vom ältesten Dichter des Abendlandes ausgesprochen, was uns hier als Grundeinsicht bei der Suche nach Kain und Abels mythologischem Ort bewegte: „Dem Gleichen entstammen die Götter und sterblichen Menschen“ (Erga 108).

Vergleichen wir die fünf mythischen Zeitalter Hesiods und ihre „Menschen“ mit unserer fünfgliedrigen Schichtenfolge des jahwistischen Berichts, so stoßen wir auf höchst überraschende und faszinierende Parallelen.

□ Im *goldenen* Zeitalter des Anfangs („das war zu Kronos Zeit“) ist von einem „von todfreien Göttern geschaffenen Geschlecht“ die Rede. „Sie lebten wie Götter“, kannten den Tod nur als Schlaf, lebten von Früchten und „fern von Mühen“ und gingen erst dahin, „als das Geschick sie mit Dunkel umfangen“. Die Entsprechung Kronos-Jahwe hatten wir schon erkannt, aber in der Schilderung des goldenen Zeitalters werden auch die Züge des von ihm geschaffenen Paradieses deutlich, ebenso seine Geschöpfe, das paradiesische Urpaar vor dem Sündenfall, dem der Tod noch unbekannt war. Jahwes und Adamas paradiesisches Wirken und Adams und seines ersten Weibes noch ganz in ihnen ruhende Existenz (von Göttern geschaffen und selbst „lebend wie Götter“) erscheinen so als altisraelitische Variante – oder gar als Vorbild – von Hesiods

Paradiestraum. (Nach altjüdischer Tradition waren es Adam und Lilith, seine erste Frau, die genau wie er von Jahwe aus Lehm geschaffen worden war und eben deshalb mit ihm nicht einig werden konnte, so daß sie zuletzt zum Dämon wird und das Paradies verläßt. Diese Lilith also hätte zusammen mit dem noch sündenlosen Adam im „Goldenen Zeitalter“ ihren mythologischen Ort.)

□ Im *silbernen* Zeitalter berichtet Hesiod von einem Geschlecht, das zwar noch in „himmlischen Häusern“ lebt (wenn auch nicht mehr in goldenen), aber doch nach langer Jugend und kurzem Erwachsensein sein Leben verliert: „Eigene Torheit brachte das Weh.“ Ist hier nicht der Sündenfall zu ahnen, der dem biblischen Menschenpaar Adam und seiner (zweiten) Frau Eva nach langer paradiesischer Jugend das „Weh“ brachte?

□ Das *erzene* Zeitalter ist dann erfüllt von „rüden Gesellen gewaltig die Kraft“, mit ehernen Waffen und „ehern ihr Ackergerät“. Sie gehen unter, „von den eigenen Armen bezwungen“. Das ist die Welt Kains, des Ackermanns, des Vaters der Erzschmiede, des „rüden Gesellen“, dessen Bruder Abel, von seinen Armen bezwungen, untergeht wie er selbst später durch Gewalttat der Seinen.

□ Im *vierten* Geschlecht geht es wieder besser zu, es sind die von Zeus geschaffenen Heroen, „ein göttlich Geschlecht, man nennt sie mit Namen Halbgötter“. Aber die einen werden „hingemäht“ im Kampf vor Troja, die anderen hat Zeus versetzt ans Ende der Welt zu einem herrlichen Dasein auf den „Inseln der Seligen“. Hier haben wir die Sethiten, aus denen durch die „Engelehen“ auch in unserem Text die biblischen

Heroen erwachsen, *die Helden der Vorzeit, die Hochberühmten* (Gen. 6:4). Ihr Troja ist die Sintflut. Und die seligen Inseln? Nun, zumindest einer der biblischen Heroen, Hennoch, *wandelte in Gott,* was gewiß Seligkeit bedeutet, und starb nicht, sondern *Gott nahm ihn hinweg, und er ward nicht mehr gesehen* (5:24).

□ Das *fünfte* schließlich, das *eiserne* Geschlecht bedarf keines besonderen Vergleichs. Es sind die Menschen, wie wir sie kennen. So meint es Hesiod, und so meint es – nach Noah – die Bibel. „Rücksichtslos und scheuen nicht die Götter, geben dann auch nicht ihren greisen Erzeugern zurück das Entgelt für die Aufzucht ... das Recht sind die Fäuste ... und der Schlechte gewinnt und schädigt den Beßren." Die sündigen Menschen des neuen Bundes sind es, die Elenden, von denen Hesiod klagt: „Müßte ich selbst doch nicht danach hier unter den fünften Menschen sein, nein, wäre schon tot oder lebte erst später!"

Die Parallelität in allen fünf Schichten ist verblüffend. Es gibt nur eine Erklärung dafür: Hesiod wie der Jahwist geben jeweils Varianten eines tiefen, allgemeinen Wissens der Menschheit wieder. Es muß eine gemeinsame Ausgangslage des mythischen Bewußtseins jener Zeiten angenommen werden, in der die Herkunft des Menschen sich in ähnlichen Bildern ausdrückt. Erstaunlich bleibt, daß die offensichtliche Parallelität zwischen dem Jahwist und Hesiod bisher so wenig bemerkt wurde. Doch hinderte hier den großen Schelling, der doch am ehesten dazu berufen war, eine selbsterrichtete Erkenntnissperre, von der auch später noch zu sprechen sein wird: Er unterschied streng zwischen

Offenbarung (also den biblischen Texten) und Mythologien (wozu bei ihm alle übrigen Religionen der Welt gehören). Und so enthält er sich in seiner ganzen inhaltsschweren „Philosophie der Mythologie“ asketisch aller Querverbindungen zwischen griechischer Mythologie und Offenbarungstexten und unterläßt die Anwendung seines Schemas der „Dekadenz göttlicher Potenzen“ auf die israelitisch-christliche Überlieferung. Und doch ist es ganz in Schellings Sinn, wenn wir diesen Abschnitt – die Suche nach dem mythologischen Ort des Bruderpaares – mit der Erkenntnis beschließen: Wir sind dem Kern der Aussage von Genesis 4 näher, wenn wir den Mythos von Kain und Abel nicht als historisches Ereignis zwischen Kultheroen betrachten, sondern als Passionsgeschehen auf einer bestimmten Stufe eines sich wandelnden, auf den Menschen schrittweise zukommenden Numinosum.

Die Unterwerfung der Mutter

Mit der Bestimmung von Kain und Abels mythologischem Ort – mit ihrer Mittelposition in einer fünfteiligen Stufenfolge des Weges zum Menschen – hat sich uns eine wichtige Struktur des jahwistischen Mythos enthüllt. Nun wird uns zugleich auch deutlich, wo der priesterschriftliche Text von diesem Mythos abrückt, wie er in seinem Entmythologisierungsstreben die Akzente setzt und was er als Verbesserung oder Verdeutlichung in Abhebung von jenem alten Text betonen will. Zunächst ist es ganz offensichtlich eben jene Stufenfolge göttlicher Potenz – tiefes mythisches Wissen aller heidnischen Kulturen –, von der die Priesterredaktion abrückt: Kein Jahwe und keine Adama mehr, aber auch kein Kain und Abel, sondern in äußerster Konzentration göttlichen Wirkens schafft Elohim selbst, und ER allein, in seinem Sechstagewerk Himmel und Erde, Tiere und Menschen, um dann nach Abschluß der Schöpfung in Seth und Enosch die Menschengeschichte sogleich beginnen zu lassen.

Die Botschaft des absoluten Monotheismus von der „Creatio ex nihilo“ ist oberstes Anliegen der Priester Jahwes, des Gottes, der keine anderen Götter neben sich duldet und der doch sein erstes Gebot nicht so herrisch und eindringlich zu betonen brauchte, wenn es neben ihm nicht andere Götter gäbe! Der feine Spürsinn jüdischer Exegeten hat denn auch, in der engsten Komprimierung der beiden ersten Verse der Genesis versteckt, noch die Ahnung und Andeutung altsemitischer und babylonischer Göttergeschlechter gefunden. Himmel und Erde (schamajim und äräz), der Geist, der über der Tiefe brütet (ruach und tehom) wie auch schließlich die Wüste und Leere (tohu und bohu) sind solche mythischen Bedeutungsträger, die in sprachlich enger Verwandschaft alte Götternamen anklingen lassen; und „Sprache ist verblichener Mythos“, sagte Schelling.

Auch in dem Schöpfungswerk selbst, wie es die Priesterschrift dann beschreibt, finden wir noch die Spuren eines Zwiegesprächs, eines ehelichen Wirkens, dessen Partner jetzt Gott (elohim) und Erde (äräz) heißen. Die Erde (und ihr anderer Aspekt: das Wasser) „bringen hervor“, Elohim aber „schafft“ – wobei das dafür verwendete Wort „bara“ eigentlich formen, gestalten

(ausroden) heißt. Das Werk entsteht also in der Schöpfungsanstrengung beider, so geheimnisvoll verwoben in Ursache und Wirkung, wie die Geburt jedes Menschen sich damals ausmachte: Hervorgebracht von der Mutter und doch geschaffen vom Vater. Da heißt es in rhythmisch-ehelichem Wechselgesang: *Es lasse die Erde aufgehen Gras und Kraut ... und die Erde ließ aufgehen Gras und Kraut* (1:12). Für das mythische Denken der alten Vegetationskulte, besonders für den dem Elohim so anrüchigen Baalkult, bedurfte es des väterlichen Befehls hierzu nicht, die alte Muttergöttin ließ auch ohne Aufforderung aufgehen Gras und Kraut. Da wird die väterliche Nötigung im nächsten Schöpfungsakt schon deutlicher: *Es seien Lichter an den Festen des Himmels!* Und es waren? Nein, sondern: *Elohim schuf sie,* sagen die folgenden Verse. So geht es weiter durch das Sechstagewerk: *Es wimmle das Wasser von lebendigem Getier! – Und Gott schuf alles Getier, davon das Wasser wimmelte* (1:21). Genauso, im Wechselgesang, und noch direkter am entscheidenden sechsten Tage: *Die Erde bringe hervor lebendiges Getier... und Gott machte die Tiere des Feldes.*
Schließlich kommt es in dramatischer Steigerung zur Krönung des partnerschaftlichen Wirkens, in dem zugleich der Primat des väterlichen Schaffens über das mütterliche Hervorbringen und Bereitstellen am deutlichsten wird. *Lasset uns (!) Menschen machen,* heißt jetzt sein Schöpfungswort, grammatisch ein eindeutiger Plural, was immer die Theologie hier an listigen monotheistischen Auswegen ersinnen mag. Und dann schafft doch ER allein den Menschen, und die in früheren Schöpfungsakten noch seine Partnerin war, wird nun

degradiert. Denn dies ist sein erster Auftrag an sein Geschöpf: *Füllet die Erde, und macht sie euch untertan!* Wir haben uns allzu oberflächlich daran gewöhnt, in diesem Schöpfungsdekret die Aufforderung zum Ackerbau zu sehen. So hat dieser Befehl nie gelautet, wie könnte er, wo die Erzväter Abraham und Jakob-Israel doch Hirten und Viehzüchter waren und nur ein einziger „Ackersmann" ausdrücklich erwähnt wird, nämlich Kain! Von ihm aber heißt es nicht, daß er sich die Erde untertan machte, sondern im genauen Gegenteil: *Er war ein Diener* (äbäd, was aber auch heißen kann: Anbeter) *der Erde* (adama) (4:2). Untertan machen heißt unterwerfen, und das ist der Befehl des Elohim an sein Ebenbild: Vernichte alle Spuren der ehemaligen Mitregentschaft der chthonischen Göttin! Denn ER allein ist Gott, und sein Ebenbild soll seinem Ruhm allein dienen.

Wir haben uns, wenn wir diese monotheistische Absicht der Priesterredaktion freilegen, dem großen kulturhistorischen Spannungsfeld genähert, das zuerst Bachofen in aller Klarheit erkannte und das wir seitdem in allen Kulturen am Beginn des ersten vorchristlichen Jahrtausends wiederfinden. Das uralte Reich der Muttergöttinnen, der Vegetationskulte, des Mutterrechts und der Materie-Bezogenheit wird unter Kämpfen und Krämpfen abgelöst vom Reich des Vatergottes, von der patriarchalischen Verfassung des Himmels und der Erde, von Vaterrecht und Geist-Bezug. Die ganze Spannung dieses gewaltigen Umbruchs im Denken und Fühlen des Menschen jener Zeit ist in den beiden Schöpfungsberichten spürbar. Wenn wir sie nebeneinander halten und dabei wissen, daß der priesterschriftliche (Gen. 1-2:4a) eben die um Jahrhunderte jüngere „entmythologisierte“ Fassung des älteren jahwistischen (2:4b ff.) darstellt, dann wird in aller Schärfe deutlich, wie die Priesterredaktion das „Vaterrecht“, den Anspruch des einzigen Gott-Vaters, auf ihren Schild hebt und zugleich das „Mutterrecht“, den Anspruch der chthonischen Gehilfin, unterdrückt und ausmerzt. Dies wird neben dem Abbau des göttlichen Gefälles der Schichtenfolgen zur zweiten leitenden Absicht der Priesterredaktion.

Der Name der Adama ist aus dem Priestertext verbannt, so nötig er doch wäre, um den Namen Adam einzuführen. Nur ein einziges Mal ist er stehengeblieben, und zwar ausgerechnet bei dem *Gewürm des Erdbodens* (1:25), also bei der Schlange, dem uralten Sendboten der chaotisch-mütterlichen Unterwelt. Hier *muß* auch in der Priesterschrift der Name Adamas stehen, denn es wird ja ausdrücklich – wenn auch absichtsvoll beiläufig – betont, daß Elohim selbst (und damit also nicht Adama) *auch* diese Schlange schuf. Und das ist wichtig genug, denn der Jahwist hatte noch ganz anders von der Schlange gesprochen. Bei ihm hieß es: Sie war *listiger als alle Tiere auf dem Felde, die Jahwe Elohim geschaffen hatte* (3:1). Es zeigt sich dann beim Sündenfall sehr bald, daß sie in der Tat listiger ist als alle seine Geschöpfe. Aber auch die Eva (chawwa) kommt im Priestertext nicht vor – Adam ist Mann und Weib zugleich, und die Erwähnung oder gar Benennung einer Gefährtin ist überflüssig.

Wie es die Priesterschrift als heiliger Text meint, so ist es auch im Alltag der vaterrechtlichen Kultur, die nun in Israel zu vollem Triumph gelangt. Frauen sind nicht Partner, sondern Besitz; der erste Sohn, der „Erstling“, ist Erbe und Statthalter (Ebenbild), die Töchter sind nur kostbare Teile der väterlichen Herde und werden wie sie gehandelt. Die Stammtafeln der Menschen (und auch die der Priesterschrift in Genesis 5) kennen keine Mütter mehr, und das zur gleichen Zeit, in der in Griechenland Hesiod als Stammtafeln der Menschen seine „Frauenkataloge“ dichtet! Hier in Israel erzeugt der Vater allein seine Söhne – und beiläufig auch Töchter –, von ihm kommt der „Same“, in dem wie im Pflanzensamen das ganze neue Lebewesen schon voll enthalten ist. Der Frauenschoß ist nur noch Mutterboden und Brutkammer, in der dieser Same heranwächst. Im tiefsten Sinne verwandt ist man daher nur mit dem Vater, nicht aber mit der Mutter, die notfalls auch durch eine Stellvertreterin ersetzbar ist: So erzeugt Sara „sich“ durch die ägyptische Magd Haggar mit Abraham einen Sohn (16:2). Die Verwandtschaftslinien verlaufen also „patrilinear“, wie es die moderne Kulturanthropologie nennt, das Mutterrecht ist überwunden.

Dieser Umbruch ist gewiß ein sehr spätes historisches Ereignis in der Geschichte der Menschheit. Es ist kaum mehr als fünf oder sechs Jahrtausende her, daß der „Vater“ als Erzeuger oder gar als soziologische Instanz überhaupt entdeckt wurde. Vorher – für ungezählte Jahrhunderttausende – muß für alle Menschen gegolten haben, was die chinesische Überlieferung von den Vorfahren berichtet: „Die ersten Menschen kannten wohl ihre Mütter, aber nicht ihre Väter.“ Die Mutter gebar die Kinder, bei Mensch wie bei Tier war sie als alleinige Hervorbringerin des Lebens erkannt, von ihr gingen die Abstammung und Verwandtschaft aus. Väter aber, wenn überhaupt nötig, wenn nicht der Mond oder eine Fruchtbarkeitsgöttin magisch das neue Leben erweckten, waren ersetzbar und beiläufig. Aus dieser Gewißheit des alten Mutterrechts und der matrilinearen Abstammung heraus hatte man Muttergöttinen im Himmel und auf der Erde, hatte man die mütterliche Materie verehrt, so wie später dann das erwachende Selbstbewußtsein der Männer und Väter Gott als Geist und Vatergestalt anbetet.

Die Krisen und Spannungen des Übergangs von einer zur anderen Seinsschicht und Denkart haben sich auch in den Mythen jener Zeit noch erhalten, wie wir es beim Vergleich der beiden biblischen Schöpfungsberichte sahen. Bachofen hat besonders darauf hingewiesen (was hier erwähnt werden muß, weil wir es für das Verständnis des Kain-Abel-Geschehens benötigen), daß in der griechischen Orest-Sage diese Krisis menschlichen Geistes sich widerspiegelt. Orest hat seine Mutter getötet, um seinen Vater zu rächen. Nach altem Mutterrecht ist dies eine entsetzliche Sünde, dem Muttermörder drohen daher ewige Verdammnis und Qual durch die Erinnyen, die Töchter der chthonischen Muttergöttin. Apoll aber – der strahlende Geistgott des neuen Zeitalters vaterrechtlichen Denkens, der als junger Gott in Delphi die alte Muttergöttin Gaia aus ihrem Heiligtum verdrängte – hat diesen Mord befohlen, denn nach seinem Recht ist Orest dem Vater näher verwandt und daher zur Rache verpflichtet. Orests Passion ist eine Folge der „Götterdämmerung“, des Umbruchs innerhalb der hierarchischen Strukturen in den numinosen Sphären oberhalb des Menschen, wo

das väterliche Geist-Prinzip die mütterliche Materie entmachtet.
Im Himmel wie auf der Erde die Unterwerfung der Mutter, das ist die Botschaft dieser Mythen. Das ist die Spur, die wir auch in den ersten Kapiteln der Bibel auffinden konnten, und das ist auch der Hintergrund des Passionsgeschehens von Kain und Abel.

Mord oder Opfer?

Wer ist dieser Kain? Er ist Adams Sohn, das ist im ersten Vers von Genesis 4 scheinbar ganz eindeutig ausgesagt: *Und Adam erkannte sein Weib Eva, und sie ward schwanger und gebar den Kain.* Aber dieser Vers geht weiter und läßt Eva das Wort ergreifen, um den Namen des Sohnes zu begründen: „Qaniti" (ich habe gewonnen), was wenig überzeugt, denn Kain heißt nicht der Gewonnene, sondern: die Lanze! Die Worte, die sie spricht, sind dunkel-geheimnisvoll: *„Ich habe einen Mann gewonnen mit dem Herrn.* Der klassische protestantische Exeget G. von Rad bemerkt dazu: „Jedes Wort dieses Sätzchens bereitet Schwierigkeiten." Wir meinen, daß in Evas „Sätzchen" der Schlüssel zum Kain-Geheimnis liegt. Weder „erwerben" (qana) noch „Mann" (isch) sind normale und gebräuchliche Ausdrücke für „einen Sohn gebären". „Vollends unerklärlich ist aber nun ät-jahwe (Luther: mit dem Herrn)" – fährt von Rad fort; denn „ät" bedeutet sonst nie „mit Hilfe von", kann aber – so meint er – auch nicht einfach der Akkusativ zu Jahwe sein, wie es die Grammatik eigentlich erfordert. Warum *kann* es nicht? Nur, weil die Botschaft dann zu ungeheuerlich wäre? Erst Emil Bock in seiner „Urgeschichte“ findet den theologischen Mut, sich dieser Grammatik (und das heißt: dem Text) zu beugen, und übersetzt Evas Worte einwandfrei, wenn auch verwirrend genug: *Zum Manne erworben habe ich mir den Jahwe!*

Das ist in der Tat ein ungewöhnlicher Gedanke. Dann wäre also Kain nicht Adams Sohn, wie es die erste Hälfte des Eingangsverses andeutete (nur andeutete, denn das entscheidende Wort „Sohn“ fehlt auch dort, es tritt erst bei Seths Geburt auf ... *und sie gebar ihm einen Sohn* 4:25). Um es nochmals mit Emil Bock zu sagen: „Nicht Adam, sondern eine göttliche Macht ist der Vater Kains. Das Wunder der jungfräulichen Geburt umspielt Eva als die Mutter Kains.“ Die Legendentradition spricht das auf ihre Art aus: „Es war ihre Schwangerschaft ohne Leiden und die Geburt ohne Wehen“, heißt es in den Sagen der Juden (I. 139). Erst Abel (der „Hauch“) wird unter Schmerzen geboren, erst an ihm erfüllt sich der Fluch des Sündenfalls. In der jüdischen Tradition ist auch der Gedanke weit verbreitet, daß dieser Sündenfall eigentlich im Geschlechtsverkehr der Schlange mit Eva bestand, daß Kain also aus dieser Verbindung herrührt. Aber Eva spricht von Jahwe, und sie muß es wissen!

Wagen wir uns also an diese ungewöhnliche Situation, die doch mythologisch nicht gar so ungewöhnlich ist, und prüfen, welches Bild von Kain wir nunmehr gewinnen. Er wäre ein heimlicher, verborgener Sohn des Gottes Jahwe, der in Knechtsgestalt, als Diener der Adama, zum Urelternpaar hinzutritt. Ein vergleichbares Vorbild für einen solchen dienenden Göttersohn gibt es in der antiken Mythologie, Schelling hat ihn ausführlich geschildert (wenn auch ohne jeden Bezug auf Kain). Es ist der karthagische Melqart, der „phönizische Herakles", wie die Griechen ihn nannten. In der 14. Vorlesung zur Mythologie führt Schelling genauer aus, daß dieser ein Sohn des Kronos ist, eine „Gottheit in Knechtsgestalt" und „ein zwischen dem Gott und den Menschen stehendes, beiden dienendes Wesen". Wenn Schelling dann auch aus Gründen, die wir schon nannten, die Parallele zum Genesistext scheut, so dürfen, ja müssen wir sie doch ziehen. Kronos hatten wir bereits früher mit Jahwe verglichen (jener mit Rhea, dieser mit Adama als Schöpfer der Welt). Kain als Jahwes Sohn gerät also schon dadurch in die Nähe des Melqart: Beide sind dienende Söhne in Knechtsgestalt. „Melqart" aber heißt phönizisch „Stadtkönig" (milk-qart), und von Kain ist gesagt, daß er ein Städtegründer war. Melqart war „gegen die Menschen wohlgesinnt", er brachte ihnen neben der Sicherheit der Städte auch Gewerbe und Handel und die „herzerfreuenden Musenkünste" (Schelling). Von Kain aber, sagt unser Text, stammen die Erz- und Eisenschmiede, die Zither- und Flötenspieler ab.

Ein Tempel des Melqart-Herakles an der Mündung des Nil – von dem über die See gekommenen kathargischen fremden Gott errichtet – hatte nach Herodot (II, 113,2) eine Besonderheit: Sklaven, die sich dorthin flüchteten, gewannen die Freiheit, wenn sie sich ein gewisses Zeichen aufdrücken ließen. Muß uns das nicht an das geheimnisvolle Kains-Mal erinnern, an das Zeichen, das *der Herr an Kain machte, daß ihn niemand erschlüge, der ihn fände* (4:15)? Und schließlich noch ein letzter Vergleich: In der griechischen Fabel wird Herakles, der doch als Melqart eindeutig der Sohn des Kronos ist, zum Sohn des Zeus (des „offiziellen" Kronos-Geschöpfes) umredigiert. Wir aber hatten gesehen, daß auch in unserem Text Kain, der, dunkel in Vers 4:1b angedeutet, Jahwes Sohn ist, „offiziell" als Sohn Adams (des legitimen Geschöpfes Jahwes) auftreten muß. Die Parallelität ist offenkundig. Es bleibt uns also festzustellen, daß sich in der Gestalt Kains altes gnostisch-mythisches Wissen jener Zeit um einen zu den Menschen abgestiegenen, verborgenen und dienenden Gottessohn niederschlägt.

Ziehen wir zu dieser Erkenntnis der direkten Jahwe-Abstammung Kains noch die Krise der mutterrechtlich-vaterrechtlichen Spannung hinzu, so haben wir nun endlich das Rüstzeug gewonnen, um das Geschehen um Kain und Abel recht zu verstehen. Sie sind Halbbrüder, sind mutterrechtlich als Söhne einer Mutter engste Verwandte, sind aber vaterrechtlich als Jahwe-Sohn und Adam-Sohn weit voneinander getrennt. Alles wird darauf ankommen (wie bei Orest), von welcher Seite her man Kains Tat betrachtet. Unser Text wird uns nun in ganz neuem Licht erscheinen, und seine Widersprüche, diese „härtesten Nüsse" der ganzen Bibel, wie Leopold Ziegler meinte, lösen sich auf.

Als erstes die scheinbare Ungerechtigkeit und Willkür des strengen und sonst so gerechten Jahwe. Warum bevorzugt er Abel? Ganz ohne Grund? Sein Gesetz, das alle jüdischen Leser des Textes kennen, weiß vom strengen Vateranspruch auf den „Erstling": Gott wird später (im alten Bundesbuch, Ex. 22) ausdrücklich die ersten Söhne Israels verlangen wie auch selbstverständlich die Erstlinge der Herde. Wie sollte er nicht Wohlgefallen haben an Abels Opfer, wo doch dieser „Hauch“ sein neues Gesetz schon spürt und ihm das Richtige opfert: *... von den Erstlingen der Herde und von ihrem Fett!* Kains Feldfrüchte aber, die blutlosen Erstlinge der von ihm verfluchten Adama, verschmäht Jahwe, denn Erstlingsblut (Seele, Leben) will er.

Kain hat ein mutterrechtliches Opfer gebracht, getreu der Erde, deren Diener er ist. Es wird verworfen von seinem Vater, der neues Recht aufrichtet. Da ergrimmt Kain *und senkt finster seinen Blick.* Spottet nun etwa Jahwe seiner, wenn er ihn fragt, warum? Kann göttliche Ahnungslosigkeit die simple Erklärung dieser unheimlichen Szene sein? Ist Jahwe wirklich nach billigem Spott zumute angesichts eigener Willkür? Eher schon tut er, was er so oft tat oder noch tun wird von Adam bis Hiob: Er öffnet seinem Geschöpf die Augen. Er sagt ihm, er solle doch begreifen, er solle „fromm“ sein – *so kannst du frei den Blick erheben.* Was aber wird Kain sehen, wenn er den Blick erhebt? Er sieht den aufsteigenden Rauch von Abels angenommenem Erstlingsopfer. Wie soll er selbst „fromm“ sein wie Abel, welchen Erstling sollte er, der Ackermann, denn opfern?

Ist etwa der alte vegetationsgöttliche Mutterkult, der sich dem Altar mit Feldfrüchten naht, die *Sünde vor der Tür,* vor der Jahwe den Kain warnt? Nicht das „Böse“ lauert dort nach seinen Worten – wie wir es doch erwarten würden bei diesem sich hier vorbereitenden zweiten Sündenfall –, sondern die „Sünde“, ein Wort, das hier zum ersten Mal in der Bibel auftritt.

Welche Sünde aber? Wirklich der Ingrimm (den doch der zornige Jahwe seinen Geschöpfen nie verboten hat) oder der darauffolgende Totschlag (der doch im Dekalog erst an fünfter Stelle steht und auch früher schon, bei den noachitischen Gesetzen der jüdischen Überlieferung, keine höhere Rangordnung hatte)? „Es bleibt der Verdacht, daß der Sinn dieser Stelle einmal ein ganz anderer war", schreibt G. von Rad. Diesem ganz anderen Sinn aber sind wir wohl näher, wenn wir uns erinnern, daß die erste, die schlimmste aller Sünden gegen Jahwe die ist: Verstoß gegen sein oberstes Gebot, Verweigerung seines monotheistischen Alleinherrscheranspruchs. Er allein ist der Herr, und sein Gebot für das Altaropfer heißt: Erstlinge, Blut und Fett. Schlimmste Sünde – und vorerst als einzige überhaupt mögliche *vor der Tür lauernd* – ist Rückfall zu dem anderen Gott neben ihm, zum muttergöttlichen Kult an Adama. Das war dem Schreiber und Leser des Jahwistenberichts – fast 1000 Jahre vor Christus – alltägliche drängende religiöse Mahnung, denn da waren Baalskult, Goldenes Kalb, heidnische Feldfruchtopfer die Sünden wider den Geist des Vaters, die nicht vergeben wurden.

Versteht nun Kain, was der zürnende Gott von ihm erwartet und was er später von seinem frommen Knecht Abraham erneut fordern wird nach strengem Vaterrecht? Er fordert den Erstlingssohn des Menschen, den Adam-Sohn Abel, der ihm zusteht nach dem blutigen neuen Recht. Kain – Jahwes dunkler Sohn in Knechtsgestalt – gehorcht und tötet den Erstling des Menschen Adam. Er tut es wirklich, so entschlossen wie später Abraham, aber nicht wie jener verschont durch Gottes Eingreifen im letzten Augenblick. Hier, auf der ersten Station jenseits von Eden, hier, wo noch göttliche Potenzen („Götter") miteinander in einem überirdischen Raum handeln, geschieht tatsächlich, was später bei den Menschen nur noch symbolisch als Akt unbedingten Gehorsams sich andeutet. *Und es begab sich ...* – die gleiche archaische Formel, mit der auch das vorangehende Opfer der Brüder eingeleitet wurde (dieses „wajehi", das nach jüdischer Überlieferung des Midrasch Schlimmes einleitet) –, *und es begab sich, daß Kain seinen Bruder Abel erschlug.* War diese Kainstat also auch ein Opfer, oder war sie nur ein entsetzliches Mißverständnis zwischen Jahwe und Kain?

Jedenfalls war es eine Tat, die im Text nicht Opfer genannt wird, sondern Totschlag, die allenfalls Jahwes heimliche Billigung hat. Die folgenden Verse zeigen es dramatisch, daß die Mutter Erde noch nicht *untertan* ist, daß Jahwe ihr Respekt zollen muß. Denn nun, nach der Tat, die in Jahwes eigenem Spannungsfeld eine Entladung und Entscheidung brachte, ist vorwurfsvoll vom „Bruder" die Rede. Gewiß, in Evas Sicht ist Abel der Bruder Kains – aber nun drohendgrollend aus Jahwes Mund: *Wo ist dein Bruder Abel?* Sollte hinter Kains scheinbar so unangemessener und aufsässiger Antwort nicht mehr stecken als trotzige Abwehr? Es klingt hier etwas anderes mit, nämlich: Was geht mich, der ich mich dem Vaterrecht unterstelle, nun noch der Sohn meiner Mutter an, er ist ja nur nach ihrem Recht, nicht nach deinem, verwandt mit mir!

Jahwes Frage: *Was hast du getan?*, klingt denn auch

ein wenig wie: In welche Verlegenheit hast du mich gebracht? Es ist sehr bezeichnend, daß tatsächlich die eigentliche Anklage gar nicht von Jahwe kommt, sondern von der Adama, sie schreit zu Jahwe, weil das von Sohneshand vergossene Sohnesblut sie tränkt. Sie ist unversöhnlich beleidigt (wie die Gaia durch Orest), in ihrer Sicht des Mutterrechts hat Kain die schlimmste aller Sünden begangen. Und sie ist es daher auch, die Kain verflucht. Denn wenn wir Jahwes Worte gewöhnlich mit *verflucht seist du* übersetzen, so gibt uns doch der Urtext dazu keinen Anlaß. *Du bist verflucht* (arur atta) steht dort, Jahwe selbst berichtet also nur, was die beleidigte Mutter Erde an ihrem abtrünnigen Diener Kain tut. Sie wird ihm (was ihre Sache ist, nicht Jahwes) *hinfort ihren Ertrag nicht mehr geben*, und sie wird ihn (fast wörtlich wie bei Äschylos die Erinnyen, die Töchter der Gaia, den Orest) *unstet und flüchtig* machen.

Und dann das merkwürdige Gnadengesuch Kains! Nichts Derartiges gab es beim Sündenfall Adams in Eden, dort wurde Strafe demütig hingenommen. Fast klingt es wie eine Gegenklage: *Du treibst mich heute vom Acker* (von der Adama)? *Du* – so hören wir zwischen den Zeilen –, der du doch das Blut von Adams Erstling wolltest und mich durch deine ungnädige Verweigerung meines blutlosen Opfers und durch deine Ermahnung selbst zu dieser Tat zwangst? Ich habe mich doch auf deine Seite geschlagen, meint Kain. Daß die Erde mich verflucht, ist der Preis, den ich dafür zahlen muß. Aber du, für den es geschah, machst mir nun in ihrem Namen den Prozeß und stellt dich hinter sie, so daß ich ganz verlassen bin?

Meine Strafe ist zu schwer, als daß ich sie tragen könnte! Jahwes Antwort ist klar, und sie wird uns nun auch verständlich: Niemand darf dir Schaden tun, mein Zeichen wird dich unverwundbar machen. Das ist keine Strafe mehr, das ist *Lohn,* der den „Brudermord" als Erstlingsopfer legitimiert und akzeptiert. So hat es wohl auch Leopold Ziegler gesehen; er stellte schon vor einem Menschenalter zu Kain die „äußerste und eschatologische Frage" (Überlieferung, 1949, S. 332): „Ob nämlich nicht eben er, der von Gott Geschiedene und mit Gott Zerworfene, zutiefst und zuletzt doch noch den Willen Gottes vollstreckte."

Kain zieht – von Adama verflucht, von Jahwe ungestraft – nach dem Lande Nod, weit jenseits von Eden. Er zeugt Kinder und Enkel, ja er wird – ein seltenes Privileg der Patriarchen – auch Urenkel und noch spätere Generationen sehen und wird erst im siebenten Geschlecht sterben. Vor seinem späten Tod aber wuchert Kain mit seinem Pfunde, dem Gott abgerungenen Schonungsprivileg; er wird als Geistsohn Jahwes der Vater aller schönen Künste, der Städtebauer und Viehzüchter, der Erz- und Eisenschmiede und schließlich auch des siebenmal frechen Lamech, dessen Schwertlied (4:22–23) fast wie ein Triumph klingt gegenüber der Pattstellung Jahwes zwischen Adamas altem Mutterrecht und seinem neuen Vaterrecht. Dieser Lamech ist es schließlich, der nach jüdischer Legendentradition als blinder Jäger den Urahn Kain mit einem Pfeilschuß tötet, ebenso wie seinen eigenen Sohn Tubal-Kain.

Kein Wunder, daß den Schöpfergott Jahwe das ganze Geschlecht der Menschen reut und *bekümmert in seinem Herzen* (6:6). Denn auch von den echten Evasöhnen, die nicht „mit Jahwe“ gewonnen wurden, sondern von Evas Bruder im Fleisch Adam abstammen, ist nicht viel Rühmliches zu berichten. Mehr als Ackerbau zu betreiben (und so der Adama zu dienen wie vormals Kain) bleibt den Sethiten kaum übrig, da alle anderen Berufe, vom Städter über den Schmied und Flötenspieler bis hin zum Viehhirten und Nomaden, schon den Kainiten gehören. Nur das *nochmalige* Eingreifen Jahwes in den Erbgang, das erneute Herabsteigen väterlichen Geistes in die Sethitenlinie – nämlich die „Engelehen“ –, also Abstieg konzentrierter Neschama-Potenzen, der *Gottessöhne,* von denen Genesis 6 berichtet, bringen die *großen Helden der Vorzeit* zuwege. Der priesterschriftliche Einschub von Genesis 5 zählt sie ausdrücklich (und selbstverständlich ohne Erwähnung irgendwelcher Mütter) auf. Ohne diesen Neschama-Nachschub wären auch die Sethiten wie Abel nur ein „Hauch“ geblieben.

Die Menschenschöpfung, die ihn „reute“, umfaßte also alle Kainiten und alle Sethiten – außer Noah –, denn sie *alle* gingen in der Sintflut zugrunde. Nur Noah ist anders, denn er ist wieder ein heimlicher Gottessohn, mit seinem Vater Lamech hat er wenig zu tun. Die Engel haben ihn erzeugt, und seine Geburt ist wunderbar: Er „stand zwischen den Händen der Hebamme, öffnete seinen Mund und lobte Gott“, so weiß es das Buch Hennoch (106:3) zu berichten. Noahs Geschlecht, aus Evas Blut und Jahwes Engelsgeist entstanden und durch die Sintflut gerettet, ist der große Mutter-Vater-Kompromiß, dem alten chthonischen Uranspruch der Adama-Eva zugestanden und zugleich endgültig abge-

rungen, der nun Bestand hat, *solange die Erde steht,* und der zu Abraham und Israel führt.
Doch wird trotz dieses Kompromisses die Mutter Erde auch weiterhin nicht endgültig unterworfen sein: Eva nimmt Rache für Kains Missetat und erzwingt die Rechtfertigung des Zweitgeborenen über die Erstgeburt. In den Eva-Töchtern, den großen Urmüttern Sara und Rebekka aus dem Stamme Seth (*den Jahwe mir gab für Abel, den Kain erschlug*) stehen an ihrer Stelle neue Adama-Potenzen den Männern Jahwes, dem Abraham und Isaak gegenüber. Sara verschließt ihren Schoß, sie rät Abraham mit der blutfremden Magd Haggar seinen Erstling zu zeugen: Ismael, das „Wüstenwildpferd". Später erst, in seinem hundertsten Lebensjahr, schenkt ihm die neunzigjährige Sarah den Sohn Isaak. Wirklich Abrahams Sohn? Wiederholt sich hier nicht in später Widerspiegelung und umgekehrter Reihenfolge noch einmal das Geheimnis von Kains göttlicher Abstammung? Bei Ismaels Erzeugung hatte es in aller Eindeutigkeit geheißen: *Und er* (Abraham) *ging ein zu Haggar, die ward schwanger* (16:4). Nun aber, bei Isaaks Erzeugung, sagt unser Text: *Und Jahwe suchte Sara heim, wie er gesagt hatte, und er tat an ihr, wie er geredet hatte, und Sara ward schwanger* (21:1-2). Aber in Abrahams Sicht ist doch Ismael der Erstling! Und merkwürdig unklar, wie diese Beziehung, ist auch das Geschehen, bei dem Sara so mächtig ist und Abraham – auf Jahwes Befehl – ihr „untertan" wird. Denn als Sara seinen Erstling samt der Ägypterin forttreiben will von Haus und Hof und Erbschaft, da *mißfiel dies Wort Abraham sehr um seines Sohnes willen* (21:11), doch Jahwe sagt: *Gehorche Sara!*, und

so schickt Abraham seinen Erstgeborenen in die Wüste, wie er später Jahwe gehorchen wird und seinen Zweiten, den Isaak, als Erstling opfern will (22:2). Der jüngere vertreibt hier also den älteren Halbbruder (der nach Mutterrecht gar nicht mit ihm verwandt ist), Abraham muß sich fügen in diese vaterrechtliche Ungeheuerlichkeit, Jahwe will es nicht hindern, und Saras Wille ist mächtig.

Aber erst in Isaaks Weib Rebekka gelingt dann Evas Rache ganz. Sie erlistet nun endlich für *ihren* eigenen *Jüngsten,* für Jakob den Lügner, den Segen des Vaters. Und sie ist dabei selbstbewußte „Mutter des Lebens" genug, Jahwes Zorn über solches (vaterrechtliche) Vergehen an der „Erstgeburt" Esau gelassen entgegenzusehen (mutterrechtlich ist der Jüngste privilegiert und erbberechtigt). *Der Fluch* (Abrahams) *sei auf mir, mein Sohn* (27:13) sagt sie, um ihm Mut zu machen für den hinterlistigen Betrug. Der jüngste Sohn aber schlägt sich nun ganz auf die Seite der Mutter: *Dein Gott Jahwe bescherte mir's* (27:20), so lügt er den blinden Vater an, und weiß doch genau, daß nicht Jahwes Jagdgunst, sondern die List Rebekkas ihm den Braten bescherte. Jakob spottet des Vatergottes, mit dem er später am Jabbok ringen wird. Der blinde Isaak segnet ihn – und er hat nur einen Segen! Evas Rache ist gelungen: Ihr „Abel" – ihr jüngster Sohn Jakob – ist Herr geworden über die Erstgeburt: Esau (Kain) ist trotz gleicher Opfergabe um des Vaters Segen gebracht, der ihm doch zustand und zukommen sollte nach Jahwes Willen. Jakob fordert Jahwe später sogar zur Kraftprobe heraus, wird *mit Gott kämpfen* (32:29), wird siegen und Israel heißen. Jahwe aber

macht diesen Sieger Jakob-Israel zu seinem auserwählten Volk!
Das auserwählte Volk aber mit seinem erlisteten Segen bleibt zugleich das unerlöste Volk, so daß Gottes Geist ein *drittes* Mal niedersteigen muß. Nicht als Neschama, nicht als Engel, sondern als Heiliger Geist, als ER selbst, um in der jungfräulichen Mirjam, in Adamas letzter Vollendung als Gottesmutter Maria, seinen „eingeborenen" – und das heißt: einzigen – Sohn Jesus Christus zu zeugen, seinen Erstling, den er selbst zum Heile der Menschen opfern wird: *Denn es ist Gottes Wohlgefallen gewesen, daß in ihm alle Fülle wohnen sollte und alles durch ihn versöhnt würde* (Kol. 1:19-20).

Wandlungen Gottes oder Menschwerdung?

Der Kain-und-Abel-Mythos hat sich uns als eine Etappe in einem überirdischen Geschehen enthüllt, als ein dramatischer Höhepunkt im Wandel der Beziehungen zwischen väterlichem und mütterlichem Aspekt Gottes, als Spannung zwischen Materie und Geist, zwischen Gesetz und Freiheit. Schichtenfolgen eines himmlischen Passionsgeschehens haben sich aufgetan – überall wird gelitten, überall steht ein Aspekt handelnder Göttlichkeit auf, tritt in Auseinandersetzungen mit einem Gegenpol, nimmt ab und erleidet Niederlagen.
□ Die Passion *Jahwes* ist, daß er mit väterlicher Kraft und mit der Herrschaft des Geistes allein nicht über die Trägheit der Materie, über seine von ihm erschaffene mütterliche Adama-Gehilfin herrschen kann, sondern daß der Sündenfall seiner Geschöpfe das Band

zerreißt. Dadurch wird auch er geschwächt (wie der alternde Kronos der Griechen), wird in seinem (halbwegs geopferten) Erstling Isaak blind und wird betrogen von Jakob, dem Werkzeug mütterlicher List. Er wird schließlich diesen Jakob als sein Volk Israel auswählen und dabei erleiden müssen, daß es immer wieder von ihm abfällt und das Goldene Kalb (Baal) anbetet.

□ Die Passion *Adamas* ist, daß sie mit mütterlichem Blutrecht, mit dem Gesetz der Materie, als Gehilfin göttlicher Freiheit versagt, daß sie verflucht wird wegen ihrer Schlangenlist. Sie muß als Eva ihr Kind Abel verlieren durch Gottes Abgesandten Kain, den sie doch „mit Jahwe gewann" und ohne Schmerzen gebar, und sie kann sich ihr Recht nur durch Betrug und Sünde als Rebekka ertrotzen.

□ Die Passion *Kains* ist, daß er seine Mutter erzürnen muß, um seinem Vater zu gefallen, daß er der Materie (der Mutter Erde) feindlich sein muß, um das Geistgesetz des Vaters zu erfüllen. Sein Schonungsprivileg ist nicht von Dauer, Gewalt ist nicht der Weg, der zum Paradies der mit dem Geist versöhnten Materie zurückführen könnte. Sein Geschlecht vergeht, Freiheit und Gesetz stehen unversöhnt gegeneinander.

□ Die Passion *Abels* ist – für Götter ganz üblich in allen Mythen, die von der Abfolge der Göttergeschlechter berichten –, daß er sterben muß und einer neuen Zeit weichen, daß er als „Hauch" zu schwach ist, um zwei Welten auszusöhnen. So vermählt sich sein Blut mit der Mutter, wie des hingeschlachteten Kronos Blut ins Gaia-Meer tropfte und die Erinnyen gebar, die den Muttermörder Orest „unstet und flüchtig" machten.

Alle Passionen der Urgeschichte weisen auf eine letzte hin, in der sie ihre Vollendung finden und zugleich zurückgenommen und aufgehoben werden: In Jesus Christus wird – nach Kain, Noah und Isaak – ein letztes Mal Gott sich als Heiliger Geist in der Materie einen Menschensohn erzeugen. Aber während die anderen in dunkler Heimlichkeit seine Abgesandten waren, ist dieser offenbar, ist Gottes „eingeborener Sohn", der einzige Erstling, der mit seiner Geburt allen geheimnisvollen Götterglanz von den früheren Erstlingen wegwischt, indem er auch sie erlöst. Er ganz allein ist *das Licht, das in der Finsternis scheint. Er* ist die *Liebe,* und sie – die eigentliche Christus-Kraft und Gottes neuer Name – ist endlich die Lösung der scheinbar unaufhebbaren Spannung zwischen Vater-Geist und Mutter-Materie. Sie bringt die Freiheit und erfüllt doch das Gesetz. Nicht Gewalt des „allherrlichen", väterlichen Jahwe, nicht Recht und List der mütterlichen Adama-Eva sind der Weg zur Harmonie der Schöpfung mit ihrem Schöpfer, sondern die Liebe. Sie verzichtet auf Gewalt und Recht, auf Herrschaft und List, sie wird den Vatergott und die jungfräuliche (fluchlose) Mutter in Heiliger Hochzeit vermählen und einen „neuen Adam" erzeugen. Er ist das göttliche *Kind,* in dem wie in jedem Kind die Liebe der Eltern zum Wunder eines neuen Anfangs wird.

Dieses Kind Jesus aber ist Menschensohn und zugleich Messias (Christus), er wird mit seiner Liebe die Menschen erlösen, die in ihrer Doppelnatur aus Gesetz der Materie und Freiheit des Geistes – aus Erbsünde und Ebenbildlichkeit – die ganze Spannung und Krise der Schöpfung seit dem Sündenfall in sich tragen. Er

opfert sich selbst auf, bringt das heilige Erstlingsopfer seinem Vater, der wie er die Liebe ist, und tröstet unterm Kreuz seine Mutter Maria, die auch nichts anders als die reine Liebe ist. Der Vorhang im Tempel ist zerrissen: Alle Welt kann das Allerheiligste sehen, das Licht, das in der Finsternis scheint.
Hat sich Gott gewandelt? Sind alle diese Stufen und Schichten, in denen sich die Krise zwischen göttlicher Freiheit und materiellem Gesetz personal entfaltete und in tragischen Passionen auslebte, Epochen einer himmlischen Geschichte, die schließlich durch den Christus-Geist der Liebe ihr gutes Ende für Gott und für die Menschen finden? Sind wir Menschen, die in Mythen und Offenbarungen die Spuren jenes Geschehens festhalten, Chronisten und Zeugen einer Evolution von Göttern?
Vermessenheit wäre es, wenn wir uns als ruhigen, unwandelbaren Pol betrachten würden, an dem der wechselnde Verlauf des göttlichen Werdens vorüberzieht. Und doch hat C. G. Jung es so sehen wollen. Vom eifernden Gott Hiobs zum „ethischen Gott der Propheten“, der dann den „Vatergott Christi“ ankündigt, meint er solchen Wandel der Gottheit beobachten zu können. Man dürfe und könne nicht zwischen „Auffassung von Gott“ und Gott selbst unterscheiden, schreibt er in „Antwort auf Hiob“. Was uns als Wandel erschiene, das müsse daher auch Wandel sein. Gewiß, aber warum ein Wandel Gottes? Ist er nicht „von Ewigkeit zu Ewigkeit“ der Unwandelbar-Eine, wählte Christus nicht seine Jünger, *ehe die Welt stand?* Uns ist jede direkte Aussage über ihn unmöglich, wir können von Gott nur stammeln. Doch wenn er sich uns als

Liebe offenbart, so war er Liebe von Anfang an und wird sie sein bis zum Ende aller Tage. Für ihn selbst muß Rilkes tiefes Wort gelten: „Vergangenheit und Zukunft sind Gegenwärtigkeiten letzten Grades."
Wenn also Wandel ist, dann haben *wir* uns gewandelt! Unser Bewußtsein, unser Fassungsvermögen für die Fülle des Göttlichen hat sich erst entwickeln müssen. Unsere Augen mußten erst aufgehen, wie die Hiobs, der am Ende seiner Leiden sagte: *„Ich hatte von Dir nur vom Hörensagen vernommen, aber nun hat mein Auge Dich gesehen"*. (Hiob 42:5). Wir haben also in der göttlichen Schichtenfolge, die wir in ihren Passionen verfolgten, einen Blick in das Wachsen der menschlichen Seele getan, der Mythos erweist sich – so hat es Alfons Rosenberg genannt – als „durchseelte Erkenntnis". Gottes mythische „Potenzen" erkannte schon Schelling als menschliche Bewußtseinsstufen, die uns als aufeinanderfolgende „Existenzformen Gottes" erscheinen. Mythen also spiegeln den in der Sprache der Bilder sich niederschlagenden Stand der erreichten Klarheit und der Größe der Gotteserfahrung. So sind sie – und mit ihnen das Kain-und-Abel-Geschehen – eine notwendige Phase im menschlichen Bemühen, sich zur letztmöglichen Welt- und Gotteserkenntnis zu entwickeln, und es gilt von ihnen, was Oswald Spengler einmal aussprach: „Jeder Mythos großen Stils steht am Anfang eines erwachenden Seelentums, er ist seine erste gestaltende Tat."
Doch ist dieser Wandel nicht nur Seelengeschichte der Menschheit, ein geheimnisvoll-unbegreiflicher Prozeß, sondern auch seelisches Ereignis oder doch Möglichkeit jedes einzelnen in unserer späten Zeit, ein erfahrbares

Geschehen in uns. In jedem von uns ist Adam erschaffen worden aus Materie und Geist und mit ihm die Hoffnung auf den „Gehilfen“ aus dem gleichen, dem „einen Fleisch“. In jedem von uns findet der Sündenfall statt, die Krise von Gesetz und Freiheit. In jedem von uns gewinnt die Eva einen Geistessohn Kain und erlebt, daß er den Bruder Abel erschlagen wird, in jedem ist Sintflut und neue Hoffnung, aber jeder erfährt auch, daß er bereit sein muß, seine Hoffnung (seinen Erstling) zu opfern. Jeder von uns schließlich kann in der Taufe auf Jesus Christus gewandelte Hoffnung und Erlösung gewinnen.

Es gibt nicht nur eine naturwissenschaftliche Deszendenzlehre, sondern auch eine biblische. Die erste schildert den Weg von der Materie zum Geist und vom Gesetz zur Freiheit. Die andere, biblische, schildert den umgekehrten Weg: aus dem Geist in die Materie, aus der Freiheit in das Gesetz. Beide Wege treffen sich nur einmal im Kosmos: im Menschen. Daß aber die widerstrebenden Kräfte ihn nicht zerreißen, ist der Liebe zu danken, der Form, in der Gottes Geist „Fleisch“ wird.

Nicht Gott steigt herab, sondern der Mensch wird. Er „gleicht dem Geist, den er begreift“, und wird erst ganz Mensch – ganz „Ebenbild“ –, wenn er endlich auch begreift, daß er zur Versöhnung von Materie und Geist in je seinem Leben neu beizutragen hat, nämlich im Glauben an den Jesus, der als Kind Gottes – des liebenden Vaters und der liebenden Mutter – den Kampf beendet und die Gegensätze überhöht und aufgelöst hat. Christus ist kein neuer Kain, der einen anderen Abel opfert zum Heile Gottes, er ist Gott, der sich aus Liebe selbst opfert zum Heil der Menschen. In Christus ist die Menschwerdung beendet: weil Gottes Sohn Mensch geworden ist und weil die Menschen durch ihn erlöst sind zu der Erkenntnis, daß Gott nicht Recht und nicht Herrschaft, nicht Gesetz und auch nicht Freiheit ist, sondern die Liebe und unser aller Vater.

TRENNUNG UND EINHEIT

Die Theologen bewahren die einzige Wahrheit, die tiefer reicht als die Wahrheit der Wissenschaft, auf der das Atomzeitalter beruht. Sie bewahren ein Wissen vom Menschen, das tiefer wurzelt als die Rationalität der Neuzeit.

Carl Friedrich von Weizsäcker

Der biblische Turmbaubericht und die Wissenschaft vom Menschen

Betrachten wir – mit den kritischen Augen des Naturwissenschaftlers, aber ohne den überheblichen Ausschließlichkeitsanspruch, der keine anderen Wissensquellen gelten lassen will – den Bericht, der uns in Genesis 11 als fast dreitausendjähriges Dokument menschlicher Selbstdarstellung vorliegt! Was ist geschehen an diesem Punkt der Urgeschichte, den die Bibel nach der Sintflut und vor der Landnahme Abrahams ansetzt, also irgendwo in der frühgeschichtlichen Dämmerzone des dritten vorchristlichen Jahrtausends? Es wird von einem gescheiterten Plan berichtet, eine Stadt und einen Turm zu bauen, es wird von göttlicher Strafe der Sprachverwirrung und der Zerstreuung der Völker erzählt. Drei Vorgänge sind es also, die sich uns als Variationen über ein gemeinsames Thema enthüllen werden und die wir gesondert betrachten wollen, um so das ihnen Gemeinsame um so sicherer zu erkennen.

Die Menschen begannen also Ziegel zu brennen und *eine Stadt und einen Turm* zu bauen. Gewiß ist das Ereignis eines ersten Stadtbaues, das irgendwann in der Frühgeschichte stattgefunden haben muß, eine der kulturellen Wendemarken der Menschheitsentwicklung und wird sich tief im Gedächtnis der Völker eingeprägt haben. Die festummauerte und der entschlossenen Selbstverteidigung dienende Burg (und auch als „Burg" ist das hebräische Wort für „Turm" zu übersetzen), die Akropolis, stellte nun aber für ihre ersten Erbauer einen Schritt dar, der in wachsender Eigenverantwortung zugleich von der bisher absolut geltenden Abhängigkeit von Gott abrückte: Nicht allein ihres Gottes Gnade, sondern auch die Stärke der Mauern sichern von nun an die Existenz des Menschen. Nicht länger liegt alles Heil in der Flucht und im ausweglosen Ertragen, die Mauer bietet Schutz und wird so zur zweiten Instanz, zur Alternative, zum Abgott. Für das religiöse Feingefühl und metaphysische Gespür jener Zeiten ist daher der Stadtbau – anders als das Errichten eines Altars – eine Herausforderung an Gott und führt in den Bereich der Sünde. (Der große Sünder Kain war doch der erste Städtebauer!). Stadtbau bedarf also theologischer Rechtfertigung, und in Babel fehlte sie, so sagt unser Bericht: In Babel wurde nicht zu Gottes Ehre ein Altar, sondern zur vermehrten Ehre des Menschen ein Turm errichtet, nicht auf Gottes Befehl, sondern aus eigenem Antrieb, um sich *einen Namen zu machen*.

Gewiß könnten wir jetzt entmythologisierend anmer-

ken, daß der Zikkurat Etemenanki in Babel durchaus auch ein Altar war, nämlich der Altarturm des Marduk-Heiligtums Esagila, das Xerxes 480 v. Chr. zerstörte und an dessen Wiederaufbau die fronenden Juden in ihrem Exil teilnehmen mußten. Aber der fremde Gott Marduk, der eben nicht der Gott Israels war, ist doch in den Augen des „Berichterstatters“ (des Jahwisten) nur eine Metapher für Abfall, für Gottlosigkeit und Eigenmächtigkeit. Nur wo Jahwe es will, da wird ER dem Menschen „einen großen Namen machen“ (so verheißt er es Abraham bei der Landnahme) –, aber wo der Mensch sich ohne ihn einen Namen macht, da macht er ihn sich gegen ihn. Ganz deutlich sagt dies die „kleine Genesis“, das jüdische Jubiläenbuch, das im zweiten vorchristlichen Jahrhundert den alten Text auslegt und verdeutlicht. Dort hört man Gott zu seinem Engel sagen: „Siehe, die Menschenkinder sind böse geworden durch den gottlosen Plan, sich im Lande Sinear eine Stadt und einen Turm zu bauen“, und erläuternd fügt der Engel dem Bericht hinzu: „Denn in seinen Tagen bauten sie eine Stadt und einen Turm, indem sie sprachen: Kommt, wir wollen auf ihm in den Himmel steigen!“ (Jub. 10:18–19).
Sehen wir uns außerhalb der biblischen Tradition nach Parallelen zum Turmbaubericht um, so wird bald klar, daß hier viel mehr vorliegt als nur die Erinnerung an ein lokales Ereignis. In den indischen Veden, aus älteren Schichten als die Genesis stammend, gibt es den Mythos vom Kampf der Götter und Abgötter, in dem sich eine ähnliche Szene ereignet: Bauleute errichten einen Turm, mit dem sie bis zum Himmel aufsteigen wollen. Aber Indra, der Herr des Himmels, greift mit

seinem Hofstaat ein und vernichtet mit eigenen Händen das Bauwerk. Es stürzt ein und bleibt unvollendet liegen. Auch bei afrikanischen Völkern gibt es eine ganze Gruppe von Erzählungen, die das gleiche Motiv haben (Westermann, Genesis, S. 102).

Ein allgemeiner Menschheitstraum also, oder besser, ein Menschheits-*Trauma:* die brechenden Gerüste, die berstenden Mauern, die niederprasselnden Steine eines einstürzenden Bauwerkes, das der Stolz einer frühen Stadt sein sollte und zu ihrem Fluch wird, zum sichtbaren Zeichen von Gottes Zorn und zur eindringlichen Bestätigung, daß man gesündigt hatte mit diesem himmelstürmenden Unterfangen, daß Hoffnungen wie ein Kartenhaus zusammenbrechen, daß Bäume nicht in den Himmel wachsen, daß Hochmut vor dem Fall kommt. Wie tief haben sich solche Erfahrungen in unsere Sprache eingeprägt, wie intensiv muß der Schrecken gewesen sein, als sie erstmals gemacht wurden. Mit Katastrophen war der frühe Mensch zwar aufgewachsen, Unwetter und Erdbeben, Dürre und Überschwemmung, Krankheit und Feinde hatte er als göttliche Ungnade verstanden und durch Gebet und Opfer abzuwenden versucht. Aber dies war eine neue Erfahrung, die zusätzliche Verständnishilfe erforderte: Daß Gebäude einbrechen, daß Blitz und Zerstörung – vielleicht gar aus heiterem Himmel, also ohne sichtbaren Anlaß – in die „Gebilde aus Menschenhand" fahren und daß also Türme und Mauern brechen, wenn Gottes Gnade ihnen fehlt. Die Erklärung aber muß dann heißen: Die mütterlich bergende Höhle der Steinbehausung, der ummauerten Stadt und der uneinnehmbaren Festung, sie fallen im Blitz und Beben des erzürnten Vatergottes, der keine anderen Götter (auch keine Muttergöttin) neben sich duldet. Im Bersten der Mauern erfahren die Bauleute, daß sie gefrevelt haben. Aber wenn nun jede böse Absicht fehlte, wenn es doch gar kein Gebot gab, das übertreten wurde? Es heißt doch nirgends: Du sollst keine Türme bauen! Sind nicht Altar und Turm identisch, waren nicht beide zu Gottes Ehre errichtet? Hier bleibt vor dem ätiologischen Bemühen des Erzählers ein Geheimnis, eine göttliche Inkonsequenz, deren Erklärung nur möglich wird durch den Hinweis auf Gottes Vorausschau. *Dies ist erst der Anfang ihres Tuns*, sagt Gott (Gen. 11:6), und er weiß, daß Schlimmeres kommen wird, auch wenn die Menschen selbst es nicht so meinen und nicht so wissen: *Nun wird ihnen nichts mehr unmöglich sein, was immer sie sich vornehmen.* Darum also, als vorbeugende Maßnahme, damit nicht Schlimmeres geschieht, muß Gott eingreifen.

Eine klare Parallele zum Sündenfallbericht wird hier deutlich. Auch da geschah den Menschen das Schlimmste – die Vertreibung aus dem Paradies – nicht, *weil* sie gesündigt hatten (die Strafen dafür sind anderer Art, s. Gen. 3:16-19), sondern *damit* nicht noch größeres Übel durch sie geschähe: *„Nun ist der Mensch geworden wie unser einer“* (nun wird ihm nichts mehr unmöglich sein). Als vorbeugende Maßnahme also wird der Mensch vertrieben und zerstreut: *Damit er nicht ausstrecke seine Hand und nicht auch vom Baum des Lebens esse und lebe ewiglich* (3:22). Ist es Angst vor der eigenen Courage, in der der Mensch im Rückblick auf seine gescheiterten Werke sich selbst als den gestraften Sünder interpretiert?

Mit solchen Erklärungen über die „Absicht des Erzählers“, wie wir sie hier als Versuch einer rein diesseitigen, völkerpsychologischen Sinngebung interpretieren, ist aber bestenfalls nur eine erste, äußerliche Schicht der Wirklichkeit erfaßt, auch wenn solche Deutungsart seit Jahrhunderten protestantischen Brauch der Exegeten darstellt. Der Reichtum des Mythos liegt gerade darin, daß er stets mehr enthält, als eine rationale Analyse an ätiologischer und psychologischer Zweckmäßigkeit enthüllt. Er ist ja nicht nur ein Code, den es zu knacken gilt, ist kein Rätsel, das sich in einer gelungenen Lösung selbst aufhebt, sondern immer zugleich ein in der Tiefe der Wirklichkeit wurzelndes Stück Wahrheit. Es gilt für ihn, was George Braque einmal von der Kunst sagte: In ihr zählt nur das, was man nicht erklären kann! Es kann also nicht allein ums Erklären und Verständlichmachen gehen, sondern es muß das Hinnehmen der Aussage (der „Offenbarung“) hinzutreten, wenn wirklich das Ganze erfaßt werden soll. Nicht Kenntnis, sondern *Anerkenntnis* führen in die tieferen Schichten der Botschaft. So wäre unser Bemühen um echtes Verständnis dieses Textes vergebens, wenn wir nur die Hoffnungen und das Erschrecken der Turmbauer ernst nähmen und nicht auch den zürnenden Jahwe.

Gehen wir also ernsthaft von einem existentiellen Verhältnis Gott:Mensch aus, so führt uns die Turmbauerzählung in die Linie einer Botschaft, die mit dem Sündenfallbericht begann. Wiederum hat der Mensch gefehlt, wiederum treffen ihn Strafe und Vorsehung Gottes. Doch ist dieser neuerliche, babylonische Fall ein Abfall ganz anderer Art, denn nicht ein Gebot

wurde übertreten, sondern etwas durchaus Notwendiges geschah: Die Stadt mußte ja gebaut werden, wenn der Mensch über die Erde herrschen sollte! In der Stadt liegt alles zukünftige Heil der Menschen, aus Ur und aus Haran wird Abrahams Sippe kommen, in Jerusalem wird der heiligste Tempel erbaut werden. Die Stadt ist höchste Sehnsucht und letztes Ziel aller jener Nomaden, denen die Unbehaustheit das Symbol der Verlorenheit ist. (Noch dreitausend Jahre nach Babylon ruft der Nomade Friedrich Nietzsche: „Die Krähen fliegen heim zur Stadt, weh dem, der keine Heimat hat!“) Und doch bleibt gültig: In der Stadt schützt sich der mündig gewordene Mensch erstmals selbst gegen das Unheil, ist nicht länger unmittelbar Gottes Gnade anheimgegeben, sondern löst sich aus der Absolutheit seiner Abhängigkeit. Dies geschieht nicht ausdrücklich gegen Gottes Willen und übertritt kein Gebot, aber es trennt doch ab von ihm, macht doch Angst, wie jeder Abfall von einem Mächtigen.
War also der Biß in den Apfel die vermeidbare Sünde der Ablösung durch Übertretung, so ist der Turmbau die unvermeidliche, die notwendige Sünde der Ablösung durch Wachstum und Reife. In jedem Menschenleben, das sich zur persönlichen Ichhaftigkeit entfaltet, geschieht von neuem die eine und die andere Sünde der Jungen gegen die Autorität der Alten, und so ist der Prozeß des Erwachsenwerdens wie eine Variante zu jener alten Melodie. Auch ohne ausdrückliche Verbote zu mißachten, beginnen Kinder, die selbständig werden, anders zu sein, zu denken und zu handeln, als es die Eltern erwarten. Sie beginnen, „sich einen Namen zu machen“; nicht unbedingt den Na-

men Sünder und Ungehorsamer, aber doch den: Ungeduldiger, Wirrkopf, Stürmer, Revolutionär. Und für jeden Menschenvater ist es im Grunde unerheblich, ob sein Sohn sich durch förmlichen Ungehorsam oder nur durch „Eigenwilligkeit" von ihm fortentwickelt, die Bitternis der Trennung ist die gleiche.

Die Turmbau-Erzählung lehrt uns: Was sich in jedem als Ablösung von seinen Eltern, als kleines Drama des verlorenen Paradieses ereignet, das ist auch der Schicksalsweg der Menschwerdung insgesamt. Hier wenigstens – im geistig-existentiellen - gilt das Haeckelsche Grundgesetz: Ontogenie ist Rekapitulation der Phylogenie, Eigengeschichte ist Wiederholung der Gesamtgeschichte. Auch „der Mensch" also, jene einmalige und so ganz besondere Organismenart Homo sapiens, hat sich durch wachsende Eigenwilligkeit aus der harmonischen, paradiesischen Bergung in Gott herausbegeben, hat sich abgesondert (im großen Sund, der großen Ursünde) und erwartet nun im ängstlichen Blick zurück und nach oben die allfällige Strafe. Die Technik, das Machenkönnen, der aller Naturgesetzlichkeit abgerungene Freiraum menschlicher Kultur (für welches alles hier der „Turm" als Symbol steht), sie sind bei allem Glanz verdüstert von der Melancholie der verlorenen Unschuld. Daher waren in einem ersten Bewältigungsversuch (Gen. 4:17 – 22) alle Künste des Städtebaus, des Erzgewinns und der Eisenschmiede, ja sogar der Geiger und Pfeifer dem Sünder Kain und seinen Nachkommen angelastet und so zugleich allen übrigen Menschen als Last von den Schultern genommen. Aber nun nach der Sintflut waren auch die Nachkommen Noahs, in deren Adern doch kein Blut Kains floß, der

gleichen Notwendigkeit des Wachstums verfallen: Sie waren vom Ararat nach Osten aufgebrochen in das Land Sinear. Und hier entwickelten sie aus der Notwendigkeit des göttlichen Wachstums- und Reifungsgesetzes erneut die Technik, brannten Ziegel, schmiedeten Erz und bauten Städte.
So gibt es also keinen Ausweg, so verfolgt das Gesetz der Ablösung und des Strafgerichts als Folge der Ablösung den Mensch als Fluch? So wird Technik unausweichlich zum prometheischen Aufbegehren gegen Gott und die Anwendung des göttlichen Geistes, der Adam, dem Lehmkloß, eingeblasen wurde, führt in unvermeidliche Gottesferne, in der nur ängstliche Gesetzestreue und kräftiges Festhalten am Althergebrachten das Schlimmste, nämlich Gottes Zorn, verhindern oder doch mildern könnte? Dies ist das Antlitz des „eifersüchtigen Gottes Jahwe“, ist die jüdische Sicht der Welt. Das Alte Testament läßt keine andere Deutung zu, und die göttlichen Posaunen, unter deren Stößen die Mauern der Stadt fallen werden, sind das unvermeidliche Gericht. Mit anderen Worten: Die geistige Krise, in die der Mensch geraten mußte, als er sich aus der Geborgenheit des geistigen Urstandes heraus in die Wirklichkeit dieser Welt begab und *jenseits von Eden* zwischen den Disteln und Dornen des verfluchten Ackers heimisch wurde, hat im Bilde des vereitelten Turmbaus seinen mythischen Niederschlag gefunden. Jude sein heißt: in dieser Krisensituation, in dieser unausgetragenen Spannung durchzuhalten und auf den Messias zu hoffen, der das alte Jerusalem wieder aufbauen und Gottes Zorn versöhnen wird.
Nun wird auch klar, was das absolut Neue der christlichen Botschaft in dieser düsteren Szene der Verzweif-

lung bedeutet und was das Licht ist, das in die Finsternis scheint. Im Neuen Testament ist die Stadt nicht länger Symbol der Krise, in „der Stadt Davids" wird Christus geboren, und als ein *Neues Jerusalem* senkt sich für den Seher Johannes als neue Einheit zwischen Mensch und Gott das Ende der Erdenzeit herab. Wir treffen in den Worten der Evangelisten auf ein neues Menschen- und Gottesbild. Die Last der unerbittlichen, objektiven Gerichtsbarkeit ist aufgehoben. Da sich alles gewandelt hat, ist im menschlichen Verständnis auch Gott verwandelt. Nicht das Erbauen einer Stadt, auch nicht das Errichten eines zum Himmel ragenden Turmes, nicht Atomzertrümmerung oder irgendeine kühne Technik sonst sind nun auf jeden Fall und notwendig böse und haben unausweichliches Strafgericht zur Folge. Nur böse Absicht, nur ausgesprochene „Herzenshärtigkeit" verbleibt im Bereich der Sünde, alles nicht eigentlich bös Gemeinte ist bereits verziehen. In dieser Unterscheidung wird die völlig neue und kaum faßbare Dimension über jedem Naturgesetz, die *Liebe* erkennbar. Im Gleichnis vom verlorenen Sohn wird klar, daß Ablösung zwar Anstoß zur Reife ist, Heimkehr aber der letzte Sinn der Reife.

Nun erst, nach dem Weltereignis Liebe (theologisch: mit einem neuen, nie vorher genannten Namen Gottes, mit Christus) ist der Bann vom Menschen genommen: mit der Anwendung der Technik, mit der Eigenwilligkeit seines Denkens und mit dem Wunsch, sich einen Namen zu machen, notwendig zugleich Sünder werden zu müssen. Nun heißt es, er solle sein Licht nicht unter den Scheffel stellen, er solle mit seinem Pfunde wuchern. Nun darf er Städte bauen, darf sich die Erde untertan machen und über die Natur herrschen, nun werden seine Türme nicht mehr einstürzen, *weil* sie an den Himmel reichen, sondern nur noch, *wenn* sie dabei den Himmel stürmen und Gott absetzen wollen! Damit ist die Menschheit über die Krise der Ablösung hinweg, nun sind wir mündig, dürfen und müssen uns „einen Namen machen". Das heißt nicht, daß nun jede Krise zwischen Gott und Mensch überwunden wäre, gewiß nicht. Aber die Krisen des Urstandes sind es. Von jetzt ab wägt Gott unser „Herz", von jetzt ab beginnt unsere moralische Zurechnungsfähigkeit. Nun erst sind wir wirkliche Sünder, nun erst schlägt unsere persönliche Schuld zu Buche, die uns stets zu Erlösungsbedürftigen macht, aber – felix culpa – (und das ist das „Geheimnis des Glaubens") zugleich immer schon zu Erlösten. Der Mythos vom Turmbau und von Gottes vorsorglichem Zorn enthüllt sich in seiner religiösen Tiefe nur ganz, wenn wir ihn im Lichte der Evangelien sehen.

Die Zerstreuung des Volkes

Die „Wirrnis der Völkerwelt" – so meinte Gerhard von Rad – sei die eigentliche Strafe für die babylonische Auflehnung gegen Gott. Unser Text berichtet in der Tat gar nicht ausdrücklich von einer Zerstörung des Turms, sondern von einer viel sublimeren Weise, in der seine Vollendung verhindert wird: Die Sprache wird verwirrt, die Bauleute verstehen einander nicht mehr, und „so" zerstreut Jahwe sie über die ganze Erde. Dieses „so" ist zunächst nicht ganz einleuchtend, denn

Sich-nicht-mehr-Verstehen und Auseinanderlaufen sind doch zwei Dinge, die einander nicht einfach gegenseitig bedingen. Weil es zwei Ereignisse sind und weil ihr Kausalzusammenhang durchaus geprüft werden muß, wollen wir sie getrennt betrachten und zunächst nicht von der Sprache, sondern von der Zerstreuung sprechen, also von der „Wirrnis der Völkerwelt". Diese Zersplitterung in Völker ist eine Strafe, so lautet die klare Textaussage. Mehr noch, sie ist in unserem Text die große Gefahr, die man vermeiden wollte, als man den Stadtbau begann. Sie wurde ja gebaut, *damit wir nicht über die ganze Erde zerstreut werden.* Nicht nur Gott sieht voraus, was kommen wird, wenn er nicht vorsorglich eingreift (nämlich die Hybris des Menschen), sondern auch die Menschen scheinen vorauszuahnen, was auf sie zukommt, wenn sie es nicht verhindern: die Zerstreuung, die Trennung in Einzelvölker.

Bleiben wir zunächst bei dieser Feststellung: Hier geht es um die Entstehung von Völkern. Die zahlreichen Völkertafeln der Priesterschrift und der Arche-Noah-Bericht des Jahwisten sind wiederholte Ansätze dieser Art, denen ganz am Beginn der Genesis schon der Kainiten-Sethiten-Mythos vorausging. Als wenn dies alles nicht genügte – ja, alles Vorhergesagte überholend und in Frage stellend –, bringt nun der Turmbaubericht erneut eine Erklärung für die Entstehung von Völkern. Die Naturwissenschaft hat sich von ihren Anfängen an, besonders aber im Verein mit der Naturphilosophie seit dem 18. Jahrhundert, immer wieder mit dieser Frage – mit dem „mutmaßlichen Anfang der Menschengeschichte" (Kant) – beschäftigt und war schon lange vor Darwin und doch bereits relativ unabhängig von der religiösen Überlieferung zu dem Schluß gelangt (Linné, Buffon, Herder), daß alle Menschen einer Spezies angehörten, daß alle Rassen zusammengehörten, auch der „Mohr“, der die alten Philosophen so sehr beschäftigte, bis der Göttinger Anatom Blumenbach ihn kategorisch zu „Gottes Ebenbild, wenngleich aus Ebenholz gearbeitet“ erklärte. Das aber bedeutete gemeinsame Herkunft, auch wenn diese schon bald nicht mehr im Berge Ararat – also an der Landestelle der Arche – gesehen wird. Theologisch lag hier kein Hindernis, denn schon die Physikotheologen hatten (unter dem Zwang der Evidenz, den die Tierverbreitung bot, vor allem die Existenz der südamerikanischen Fauna) zugestanden, daß die Sintflut ein zwar weitverbreitetes, aber eben doch nicht weltweites Ereignis gewesen sei, daß es daher nicht unbedingt nur eine Arche und nur eine Gruppe von Überlebenden gegeben haben mußte. Hatte im Mittelalter Paracelsus zur Erklärung der Existenz amerikanischer Menschen sogar einen zweiten Adam gefordert, so bot nun das Denkmodell mehrerer Archen einen leichteren Zugang zur Wirklichkeit der Völker- und Rassenvielfalt. Herder schrieb (in den „Ideen“, 1785): „Wie sich eine Familie dieses Volkes (Noah) mit einem reichen Haushalt rettete, so konnten sich unter anderen Völkern auch andere Familien gerettet haben, wie die Traditionen derselben beweisen. So rettete sich in Chaldäa Xisuthrus mit seinem Geschlecht und einer Anzahl von Tieren fast auf die nämliche Weise, und in Indien war Wischnu selbst das Steuerruder des Schiffes, das die Bekümmerten an Land brachte.“

Wenn also die Sintflut nur konzentrieren und filtern konnte, was bereits da war, nämlich eine Vielzahl von Völkern, wenn andererseits diese Vielzahl notwendig einen Urzustand der Einzahl voraussetzte – was dann hatte die Zerteilung des einen Urvolkes in die vielen bewirkt? Auf diese Frage gibt es eine klare Antwort der Biologie, denn der fortschreitende Aufspaltungsprozeß von Arten in Rassen und „Völker“ ist eines ihrer Urphänomene, das sich als Kern – oder doch als sichtbares Basisphänomen – der Evolution ständig präsentiert. Doch sei festgehalten, daß auch vor Beginn der modernen Biologie die einzig mögliche Antwort auf unsere Frage schon vorlag, da man nämlich die „Ausartungen“ (Rassenbildungen) bei Haustieren längst bemerkt hatte. So setzte Kant in völliger Eindeutigkeit bei der Existenz eines „einzigen ersten Stammes“ an (einer „Wildform“, würden wir heute sagen) und folgert, daß dieser sich dann unter dem Einfluß von Klima und anderen Umweltfaktoren in die vier Rassen („Weiße, gelbe Indianer, Neger und kupferfarbig rote Amerikaner“) aufgespalten habe. Anders sehen wir es auch heute nicht, wenngleich die moderne Biologie hinzufügen wird, daß jede Aufspaltung – jedes Auseinanderfallen des Genotypus in einzelne, durch Mutationen bedingte Subtypen – voraussetzt, daß der Rückfluß genetischer Informationen durch Isolation zuverlässig verhindert ist. Ein moderner Anthropologe, E. v. Eickstedt, drückte es so aus: „Varietäten oder Rassen sind natürliche Geotypen.“ Durch Isolation also, durch wirksame Trennung und Zerstreuung entstehen die allmählich selbständig werdenden Teile eines ehemals ungeteilten Ganzen.

Wir sehen, daß die Turmbauer von Babel sich mit der modernen Wissenschaft ganz einig sind: Zerstreuung bedingt die Entstehung von Völkern. Will man Aufsplitterung in verschiedene Völker vermeiden, so muß man zentripetale Kräfte entfalten, die eine Sammlung bedingen und eine Zerstreuung verhindern. Man muß eine Stadt mit dicken Mauern und hohen Türmen bauen, muß den Menschen eine bleibende Statt, eine „Heim-Stadt", geben. Aber warum will man zusammenbleiben, warum nicht in Völker zerfallen, sondern *ein* großes Volk werden? Auch darauf hat schon Herder eine tiefgründige Antwort gegeben, die hier im Original stehen soll, zumal sie das Kardinalproblem der gegenwärtigen Anthropologie (angeboren oder erworben?) bereits souverän überwindet: „Sind die Vorzüge des Menschengeschlechts ihm nur als Fähigkeit angeboren, eigentlich aber durch Erziehung, Sprache, Tradition und Kunst erworben und herabgeerbt worden; so gehen die Fäden dieser ihm angebildeten Humanität aus allen Nationen und Weltenden nicht nur in einem Ursprung zusammen; sondern, wenn das Menschengeschlecht, was es ist, werden sollte, mußten sie sich gleich von Anfang an künstlich knüpfen. So wenig ein Kind Jahre lang hingeworfen und sich selbst überlassen seyn kann, ohne daß es untergehe oder entarte: so wenig konnte das menschliche Geschlecht in seinem ersten, keimenden Sproß sich selbst überlassen werden" (1785, Ideen 10;6).

Eine tiefere Schicht des Problems tut sich auf, sie liegt unter der oberflächlichen Erkenntnis von der Wirkung der räumlichen Isolation. Warum kann man nicht einig bleiben, auch wenn man in verschiedenen Tälern wohnt? Warum kann der Mensch sowenig wie ein Kind „hingeworfen und sich selbst überlassen" bleiben? Weil das Äußere nur ein Symbol für Inneres ist, weil der äußeren Trennung daher die innere entspricht und weil der, der auswandert, nie als der gleiche zurückkehren wird: Weil der einmal unterbrochene Traditionsfluß seinen je eigenen Lauf nimmt und zuletzt aus den Verwandten Fremde macht und aus den Fremden Feinde. Für die einzelnen gilt das wie für die Völker, denn auch Völker sind eben nicht nur „räumlich und äußerlich, so auch nicht durch bloße natürliche Differenzen geschieden, sondern geistig und innerlich einander ausschließende, dabei aber in sich selbst unüberwindlich zusammen gehaltene Massen", sagte Fr. W. Schelling. Wir können auch sagen: Für Völker gilt wie für jeden einzelnen, daß der Auszug aus dem Vaterhaus – die Zerstreuung über die „ganze Erde" – zwar notwendige Voraussetzung für Individualisierung ist, daß aber Selbstfindung und Selbstabgrenzung zugleich immer Ablösung und Trennung von der Herkunft, von der Einheit mit dem Muttergrund bedeuten. Ein Teil in uns will hinaus in die Ferne, will im neuen Land sich selbst finden und seinen eigenen Namen, aber ein anderer Teil weiß um die Wehen der Trennung, will nicht wachsen, sondern in seines Vaters Haus bleiben und dessen Namen künden. Wo die bindenden Kräfte stark sind, wird der notwendigen Trennung mit Angst und Freude zugleich gedacht, wird ambivalent mit Regressionswünschen gerungen, wie man es psychologisch nennen könnte, sind die Beharrungskräfte der mütterlichen Erde (des Lehmes „Adama") und die Expansionskräfte des väterlichen Geistes (des Gottesodems

„Neschama") in Spannung miteinander. So klingt der Ruf der Turmbauer wie ein verzweifelter Versuch, der notwendigen Evolution in den Arm zu fallen, wenn wir ihn so lesen: *Wohlan, laßt uns e i n e Stadt bauen ... und uns e i n e n Namen machen, auf daß wir nicht über die Erde zerstreut werden* – auf daß wir nicht in vielen Städten viele Namen haben werden und anders heißen als unser Vater!
Doch es ist unvermeidlich, und alles Unabwendbare, das uns quält, empfinden wir als entzogene Liebe, als Strafe. Zu schwach sind die Bande, die Menschen „künstlich knüpfen" können, um die Einheit zu wahren, zu stark sind die Kräfte der Evolution und der Abstoßung. Sie werden zerstreut, es bilden sich Völker, sie haben ihre eigenen Götter, sind fremd und feindlich. Der Friede ist verloren, der Kampf der Götter und ihrer Völker gegeneinander beginnt, und die Geschichte ist nun Waffengeklirr und Kampfgeschrei. Den Brudermörder hatte noch Gott gestraft (und seine Mutter Erde verflucht), aber der Feindesmörder wird nun zum Heros der Geschichte, den man im Heldengrab der Erde feierlich zurückgibt. Die Vielzahl der Völker erhebt sich je im Gefühl der Auserwähltheit, und Tötung der Feinde wird göttlicher Befehl.
Wieder ist kein Ende abzusehen in einem Prozeß, der so gesetzmäßig wie gnadenlos verläuft: Das *„Du sollst nicht töten"* verhallt machtlos in einer Welt, in der es zugleich heißt: *„Du sollst meine Feinde vernichten und ihren Abgott stürzen."* Wieder führt unser Weg der Betrachtung in das Düster der Ausweglosigkeit menschlicher Existenz, von der das Alte Testament durchtränkt ist. Und wieder wird klar, daß wir die Bibel

von hinten nach vorne zu lesen haben, wenn wir erfahren wollen, wie die Frohe Botschaft diese Dunkelheit unserer paradoxen Existenz erhellt. Im Überwinden der Überhebung als ein auserwähltes Volk und im Gebot der Feindesliebe löst sich der unentwirrbare Knoten, der geschlungen wurde, als die Welt der Völker und der einzelnen allzu einfach in gläubige Brüder und heidnische Gegner gespalten war.

In der Kraft der *Liebe* – dem neuen Gottesnamen, den die Turmbauer nicht kannten – wird der Fluch der Zerstreuung und Isolation aufgehoben. Nun sendet uns Gott selbst – nicht als Strafe, sondern als Auftrag: *„Gehet hin in alle Welt...!"* – in die Zerstreuung, und nun wird ein fernes Liebesziel sichtbar: hinter den vielen Völkern das *eine* Volk Gottes. *Wenn ein Reich mit sich selbst uneins ist, kann es nicht bestehen* (Mark. 3:24), und das gilt nicht nur für Dämonenreiche, sondern auch für den Menschen. Wenn es aber einig ist, dann wird es bestehen – so dürfen wir folgern und sehen zugleich, wie sich der Kreis der Geschichte der Menschwerdung zu schließen beginnt: Zerstreuung und Isolation, die Völker und Individuen hervorbringen, sind die notwendige Voraussetzung für das „Reich", in dem die Vereinzelten sich wieder zusammenschließen und in dem wir alle endlich werden dürfen, was wir in Gottes Plan von Anfang her sind, seine Ebenbilder in der Liebe. *Unum sint ... daß sie einig seien gleich wie der Vater und ich* (Joh. 17:11), ist das Gebet und die Hoffnung Christi für die Menschen und Völker. Es ist die Verheißung jenes Neuen Jerusalems, das aus den Trümmern des babylonischen Turmes erbaut wird und an dem wir Bauleute sein dürfen, denen keine Trennung mehr droht, das uns „eine Stadt und einen Turm“ bescheren wird, eine Heimat und einen Namen.

Die Sprachverwirrung

Mit einer großartigen und lapidaren Behauptung setzt unser Text ein: *Alle Welt hatte einerlei Sprache und einerlei Worte.* Einsprachigkeit als Symbol des paradiesischen Urstandes also, und das Jubiläenbuch fügt gleich hinzu, bis zum Sündenfall hatten auch alle Tiere diese eine Sprache und redeten „einer mit dem anderen“ (Jub. 3:28). Vor allem aber fügt der Rückblick auf den biblischen Sündenfallbericht hinzu: In dieser einen Sprache redete auch Gott mit den Menschen. Es gibt kein treffenderes Symbol für Gleichklang und Harmonie, auch noch in unserer heutigen Sprache, als „Einstimmigkeit“ und „Sich-Verstehen“. Die Sprache erscheint uns in diesen Bildern als Chiffre für Geistiges, als inniges Band. Wir dürfen noch einen Schritt weitergehen und auf Schellings großes Wort bauen: „Sprache ist verblichener Mythos.“ Sie steht nicht nur für die Gemeinschaft im Geiste, die Sprache *ist* diese Einheit, sie ist vernehmbar gemachter Geist. Fährt Gott herab zu den Turmbauern und verwirrt ihre Sprache, so verstehen sie sich nicht nur gegenseitig, sondern auch *ihn* nicht mehr. Das Band ist zerrissen, von dem doch Herder meinte, daß es „künstlich geknüpft“ werden muß (nämlich von Gott), damit die Menschen nicht auseinanderlaufen und sich zerstreuen zu Völkern und Sprachen, zu Elend und Abgötterei.
Naturwissenschaftlich besteht kein Zweifel, daß die

Isolation der Anlaß für die Entstehung der Einzelsprachen ist. Nur eine kleine Korrektur in der Kausalfolge wäre nötig, um den Bericht auf den modernen Stand der Wissenschaft zu bringen: nicht zuerst Sprachverwirrung und anschließende Zerstreuung, sondern erst Zerstreuung und notwendig aus ihr folgend die Sprachverwirrung. Diese Gesetzmäßigkeit ist völlig offenkundig: Wo immer in der Geschichte einzelne Völker oder Volksteile isoliert wurden, ist ihre Sprache eigene Wege gegangen, hat sich vom Urzustand entfernt und in eigene Richtung entwickelt. Ganze Stammbäume lassen sich nachzeichnen. In der romanischen „Sprachverwirrung" entstanden das Spanische, Französische, Italienische und Rumänische aus dem Latein, im Indogermanischen entstanden romanische, slawische und indische Sprachfamilien aus einer heute vergangenen Wurzel. Als der Westfälische Friede vor wenigen Jahrhunderten die Staatsgrenze zwischen Deutschland und Holland errichtete, entstand die niederländische Sprache in ihrer jetzigen Form, und im heutigen Berlin können wir beobachten, wie ein Eiserner Vorhang eine Sprache in zwei zerstreut und einen Geist in zwei verwirrt.

Es bleibt die Frage, ob wirklich alle Sprachen der Erde auf eine einzige zurückgehen oder ob die eine Art Mensch (an der niemand zweifelt) mehrmals und unabhängig voneinander zur Sprache gelangte. Die Schwierigkeit der Rekonstruktion einer Ursprache aus den jetzigen Sprachfamilien, die ungeheure Fülle und Verschiedenartigkeit der bestehenden Sprachen legt eine Vorstellung vom mehrfachen Ursprung nahe, doch gibt es andererseits (vor allem beim Sprachforscher Richard

Fester) sehr ernsthafte Ansätze, im Kern *aller* Sprachen gemeinsame Urworte nachzuweisen. Vor allem aber weisen die neurologischen Bedingungen des Sprachvermögens (das Sprachzentrum im Gehirn) sowie die leichte wechselseitige Erlernbarkeit aller Einzelsprachen unübersehbar auf eine einheitliche Wurzel hin. Der Evolutionsbiologe wird gerade die Sprache als ein wichtiges und kennzeichnendes Sondermerkmal des Menschen ansehen, als eine „Synapomorphie", die geradezu als Beweis dafür taugt, daß alle Menschen einer einzigen, engsten Verwandtschaftsgruppe angehören. Fern solcher biologischen Überlegungen hatte in der amerikanischen Linguistik allerdings der Erforscher der Hopi-Sprachen, E. Lee Whorff, mit seiner Theorie der „Relativität" von Sprache und Denken einen erheblichen Einwand erhoben. Er meinte nachweisen zu können, daß Hopi-Indianer ganz abweichend vom indogermanischen „Tun-Täter-Schema" denken und sprechen und daß sie folglich auch ein ganz anderes – und doch subjektiv richtiges – Weltbild besäßen, daß es also eine einheitliche Sprachgrundlage nicht gäbe.

Mit dieser Ansicht hat Lee Whorff kaum Gefolgschaft gefunden, vielmehr haben sehr gründliche Untersuchungen von Chomsky und seiner Schule inzwischen gezeigt, daß es gemeinsame, angeborene Sprach- und Denkstrukturen bei allen Menschen gibt. Selbst grammatische Grundbegriffe gehören zu diesen angeborenen Gemeinsamkeiten. Der Mainzer Psychiater Biltz entdeckte in der „Kuckucks-Terz" des „Hallo!"-Rufes ein solches allgemein-menschliches Radikal, und auch das „vorbabylonische Säuglingslallen", wie es der Freiburger Zoologe Koehler nannte – also die bei allen Neugeborenen identische lautliche und rhythmische Grundstruktur des angeborenen Sprachverhaltens –, zeugt von einem gemeinsamen Ursprung der Sprache. So bleibt es also auch vor dem kritischen Forum der modernen Anthropologie bei der Feststellung, die der erste Satz unseres Textes brachte: Am Anfang hatte *alle Welt einerlei Sprache und einerlei Worte.*

Wie aber war es zu dieser *einen* Sprache des Anfangs gekommen? Wir werden die Botschaft in unserem Bericht von der babylonischen Sprachverwirrung nur begreifen können, wenn wir uns zuvor diese Frage beantworten. Für viele kritische Denker der Aufklärung, die sich von der schlichten Übernahme des Dogmas lösten, war diese Frage ein Rätsel, ja die Enthüllung eines skandalösen Paradoxon. „Der Mensch wird erst Mensch durch die Sprache – um aber Sprache bilden zu können, mußte er schon Mensch sein", meinte Wilhelm v. Humboldt (1835) und folgerte: „Sie entspringt aus der Tiefe einer Menschheit, welche überall verbietet, sie als eine Schöpfung der Völker zu betrachten. Sie besitzt eine sich offenbarende, wenn auch in ihrem Wesen unerklärliche Selbständigkeit, ist kein Werk der Nationen, sondern eine ihnen durch ihr inneres Geschick zufallende Gabe." Noch deutlicher wird Goethe (in Dichtung und Wahrheit): „Wenn Gott den Menschen erschaffen hatte, so war ihm so gut die Sprache als der aufrechte Gang anerschaffen." Und schließlich kann auch der philosophische Anthropologe F. J. Buytendijk in unserer Zeit nichts anderes meinen, wenn er sagt: „Die Sprache hat keinen Ursprung, sondern ist ein Ur-Sprung. Sie entsteht in einem Sprung, so ursprünglich wie eine Wendung, wie ein Erwachen, wie

die Situation entstehen“ (Mensch und Tier, 1958).
Doch solch resignierender Verzicht ist dem Wesen der Naturwissenschaft zuwider, sie bequemt sich nur ungern zu einer Einsicht, die doch Dubois-Reymond noch wagte: Die Sprache war ihm das siebente „Ignorabimus“. Warum soll nicht auch die Sprache entstanden sein, und zwar nicht sprunghaft (also unerklärbar), sondern allmählich und in einem erklärbaren Prozeß? Herder selbst wird zum Kronzeugen einer solchen Vorstellung, denn bei ihm gelangt der Mensch aus eigener Kraft, „in bewußter Arbeit“, zur Sprache (1770). Doch das war „lamarkistisch“ spekuliert, so könnten wir heute sagen. Das war eben doch wieder der „Geist, der sich den Körper baut“, und war damit nicht naturwissenschaftlich gedacht. Erst im Neodarwinismus (im Verein mit dem Neopositivismus) entsteht ein bescheidenes, aber für bescheidene Ansprüche auch plausibles Denkmodell für die Entstehung von unbegriffenen Qualitäten: Schrittweise und allmählich, in sich steigernder Auslese des jeweils Besseren durch die Selektion der Umwelt werden aus den Quantitäten (die eben nicht länger „négligeable“ sind) die neuen Qualitäten. So läßt sich der Mensch aus Amöbe und Wurm herleiten und erklären, so muß es auch mit der Sprache gewesen sein. Man geht hier also – sehr theoretisch und gar nicht sehr objektiv – von einer noch sprachlosen Urhorde aus, die ähnlich wie heutige Affen erste Stimmfühlungslaute und Warnrufe besaß und die nun Worte wie geistige (Zufalls-)Mutationen hervorbrachte und in den Diffusionsraum der Informationen einbrachte, wo sie von den Gruppenmitgliedern übernommen oder verworfen wurden und so die artikulierte Sprache ent-

stehen ließen. Man ersinnt mit viel Scharfsinn ein System zunehmender Sprachtauglichkeit, das von Einwort-Sprüchen zu Zweiwort-Sprüchen, vom adressierten zum unadressierten Ruf, vom Befehl zum Bericht und so schließlich in die Struktur und das Vokabular einer echten Sprache heranwächst.

Kein Zweifel – so läßt sich der Spracherwerb denken, so sind die einzig möglichen logischen Etappen, und so *könnte* es gewesen sein, wären die Voraussetzungen dieser Spekulation einwandfrei und richtig. Das heißt naturwissenschaftlich: Wäre wirklich akustischer Informationsaustausch eine zunehmend wichtige, ja eine unbedingt notwendige Voraussetzung für die Menschwerdung (wogegen das Leben jedes Taubstummen Zeugnis ablegt), gäbe es keine sprachlose Form der Informationsübermittlung (wogegen alle Mimik und Gestik sprechen), und wären schließlich alle alten Sprachen signifikant einfacher als die modernen (was nicht zutrifft). Das Problem bleibt auch biologisch ungelöst, wieso eigentlich wachsende Gehirnkapazität zugleich die Ursache *und* die Wirkung des Spracherwerbs gewesen sein soll. Und fügen wir schließlich ein theologisches „Aber" ein: Das neodarwinistische Modell des Spracherwerbs aus „Zufall und Notwendigkeit" setzt voraus, daß die Aussage der Genesis von der Erschaffung des Menschen aus Materie *und* aus Geist nicht mehr ernst genommen wird. *Nur* aus Lehm gemacht – wie die Tiere –, hätten wir auch uns dann zu interpretieren.

Wenn Geist aber Wirklichkeit ist, wenn im mythischen Bild vom Lebensodem Gottes im Lehmkloß Adam eine Wahrheit ruht, die tiefer reicht als die Erkenntnis

vom menschlichen Geist als einem Epiphänomen der physiologischen Prozesse in der Gehirnrinde, dann kann das darwinistische Modell der Sprachentstehung nicht genügen. Dann ist es auch überflüssig geworden, denn unsere Frage ist dann nicht mehr allein, wie das Werkzeug sich eine Sprache schaffte, sondern vor allem, wie die Sprache im Menschen ihr Werkzeug fand. Die Aussagen Goethes, Humboldts und Buytendijks gewinnen dann wieder unmittelbaren Hinweiswert für uns. So wie die Frage nach der Menschwerdung dann nicht mehr ausschließlich mit dem Hinweis auf Chromosomen und Keimzellen, auf Mutationen und Selektion zu beantworten ist, sondern die zusätzliche und zugleich die wesentlich dringlichere Dimension eines Schenkens und Geschaffenwerdens von Gott erhält, so verläßt auch die Frage nach der Sprachentstehung nun den Boden der Einer- und Zweiersprüche, der Stimmfühlungen und gestammelten Urlaute und wendet sich ihrer eigentlichen Tiefe zu: Sie wird zu einem Geschehen zwischen Gott und den Menschen.
Und doch könnte uns biologisches Bemühen um das Verständnis des Spracherwerbs durchaus weiterführen, wenn es das Geheimnis des „Ursprungs" wieder ernst nimmt und vor Hölderlins „Rätsel des Reinentsprungenen" nicht gleich in die Mechanik ausweicht. So weist Adolf Portmann – einer der wenigen Zoologen, die heute der Eigenstellung des Menschen in der Natur wieder voll gerecht zu werden suchen – nachdrücklich darauf hin, was uns die Beobachtung der menschlichen Kleinkinder lehrt: Man kann schon Mensch sein, *bevor* man spricht, ja eine solche erste, sprachlose Phase ist sogar notwendiger Bestandteil unserer Entwicklung,

denn erst nach einem Lebensjahr ist der Abstieg des Kehlkopfes (den es nur beim Menschen gibt) so weit gediehen, daß artikuliertes Sprechen möglich wird. Nun weiten sich Rachenhöhle und Mundraum, nun erst kann – so zeigten die Untersuchungen des amerikanischen Anthropologen Liebermann – aus dem „vorbabylonischen Säuglingslallen“ die Sprache werden, und *nun* wird sie auch, wenn sie durch Sozialkontakt mit der Bezugsperson, als „Muttersprache“ erworben wird. (*Nur* dann, isoliert aufgewachsene Einzelkinder sprechen nicht, können es jenseits der Kindheit auch nicht mehr erlernen.)
In dieser vorsprachlichen Periode unseres individuellen Lebens hat nun interessanterweise der Mund der Mutter noch keine Bedeutung für das Kind: Man weiß von Attrappenversuchen (vor allem durch René Spitz), daß es die Augen, die Nase und die gewölbte Stirn der Bezugsperson sind, auf die das Kind vom dritten bis sechsten Lebensmonat mit Lächeln reagiert, also mit einem angeborenen Werbeverhalten, das (wie Christa Meves zeigte) in diesem Gesicht den Auslöser für intentionales Triebverhalten mit dem Ziel der Bindung erkennt. Erst Bindung also, dann Sprache! Oder noch allgemeiner gesagt: Wenn die ursprüngliche, direkte Verbindung verlorengegangen ist, die noch auf keine Sprache angewiesen war (wenn die Mutter-Kind-Einheit durch die „Austreibung“ der Geburt aufgehoben ist), wird Sprache nötig. Nun wird sie unter Anstrengung – triebhaft – erstrebt und schließlich auch erlangt. Das geistige Band muß nun in neuer, der räumlichen Trennung angemessener Weise geknüpft werden, um die ursprüngliche Einheit auf der höheren Stufe der Vielfalt getrennter Indivi-

duen wiederherzustellen. Dies geschieht durch die Sprache, die zugleich Geschenk der Mutter an das Kind und eigene Leistung des Kindes aus angeborenen Fähigkeiten heraus ist.
Warum sollten wir diese Ereignisse der Ontogenie nicht auch auf die Phylogenie übertragen dürfen – es wäre sogar gut-haeckelscher Darwinismus, zu dem uns das biogenetische Grundgesetz auffordert! Dann müßte man also auch für die Menschheit nach ihrer Erschaffung – aber lange vor Babel – eine Zeit „vorsprachlichen Sozialkontaktes" miteinander und zugleich unmittelbarer geistiger Bergung in Gott annehmen. Alte Mythen der Völker und gnostische Weisheit vergangener Zeiten berichten in der Tat von solcher „magischen" Direktverbindung der Menschen untereinander und mit Gott. Das (angeborene) „kollektive Unbewußte" C. G. Jungscher Tiefenpsychologie setzt solchen vorsprachlichen Informationserwerb zwingend voraus, und die Sagen und frühen Felszeichnungen vom „mundlosen Menschen" – Jean Gebser wies auf sie in diesem Sinne hin – werden zu Zeugnissen solcher Sprachlosigkeit, die eben ein Zustand gewesen sein muß, der Stimme noch nicht brauchte, weil „Übereinstimmung" herrschte. Auch in den klassischen Weisheitsbüchern der Antike finden sich Spuren und Hinweise. Im Sibyllinischen Orakel werden an einer Stelle der Turmbau von Babel und die Sprachverwirrung erwähnt, und dort lesen wir: „Als aber der Turm gefallen war und die Zungen der Menschen sich in mannigfache Sprachen verkehrt hatten, aber die ganze Erde mit Sterblichen sich füllte, indem die Königreiche sich teilten, da war das zehnte Geschlecht der *reden-*

den Menschen, seitdem die Sintflut über die frühen Männer gekommen war" (Sib. 3: 105 – 108).

Wenn die Sibylle so ausdrücklich die „redenden Menschen" von den „frühen Männern der Sintflut" unterscheidet (und sie sollte es wissen, denn sie ist nach der Überlieferung selbst eine Schwiegertochter Noahs), so sagt dieser Text uns eindeutig: Erst in der Sintflut riß das alte geistige Band zwischen Gott und den Menschen, das der Sprache noch nicht bedurfte, um miteinander eins im Geiste zu sein. Nach der Sintflut erst – als Bestandteil des Neuen Bundes – wurde also das Band „künstlich geknüpft", das als Sprache, immerhin aber noch als eine einzige Sprache, Menschen und Gott verband: grobsinnlich, stofflich, durch Luftschwingungen, die der abgestiegene Kehlkopf hervorbringen mußte. (Die Anthropologie kennt frühe Menschenformen, bei denen dieser Abstieg noch nicht erfolgt war, z. B. den Neandertaler.) Kehren wir mit diesem Hinweis der Sibylle zu unserem Text zurück, so können wir auch in ihm die gleiche Botschaft wiederfinden. Nach dem Sintflutbericht, nach dem letzten Satz der Völkertafel im zehnten Kapitel der Genesis (ja, buchstäblich nach dem letzten Wort dieses Kapitels: „mabul" = Sintflut) setzt unser Text der Turmbauerzählung ein. Lesen wir also: *(Sintflut.) Nun aber hatte alle Welt einerlei Sprache und einerlei Worte.* Dieses *nun aber* ist im Urtext sogar noch viel eindeutiger auf das Vorhergehende bezogen, denn es steht dort das Wort „wajehi" (das „factum est" der Vulgata), die altvertraute Formel, die im Schöpfungsbericht als *und es geschah* stets den Vollzug göttlichen Willens verkündet. Wieder also zeigt uns der Text in seiner ganzen Tiefe eine unausweichliche Entwicklung an, eine Austreibung als Anstoß zur Reife. Aus der unmittelbaren, keiner Sprache bedürfenden Geborgenheit in Gott, die verlorenging in der Sintflut, kommen der Neue Bund und die bereits erschwerte, aber (für Noah und die Seinen) immerhin noch mögliche Verständigung untereinander und mit Gott mittels der Ursprache. Aber wieder – nach dem Sündenfall des Turmbaues – „reute" es Gott, und in einer neuen, geistigen Sintflut endet nun auch dieser neue Stand in Verwirrung. Was danach übrigbleibt – zerstreut und in Völker zersplittert –, ist abgespalten in vielerlei Sprachen, hat keinen direkten und eindeutigen Zugang mehr zu Gott und zueinander. Von nun an werden Propheten nötig sein, die Gottes Sprachrohr sind in der Verwirrung der nachbabylonischen Menschheit, von nun an ist Verständigung schwer, sind Einstimmigkeit und Verstehen so selten wie Einigsein und Verstandenwerden. Von nun an ist geistige Arbeit zu leisten, um mit Gott zu sprechen oder auch nur mit dem Mitmenschen. Ein geistiges Auge, das direkt ins Innere des Nächsten blicken konnte, und ein geistiges Ohr, das direkt Gottes Stimme hörte, haben sich geschlossen, und von nun an gilt für unsere abgestumpften Sinne, die für den Nächsten und für Gott erblindet sind, was Descartes so verzweifelt ausrief: Wir wissen *nichts* voneinander, wenn wir es uns nicht sagen!

Aber ein letztes Mal darf auch gesagt werden, daß sich dieses Dilemma löst, daß die christliche Botschaft einen Ausweg aus der Verwirrung der Sprachen und der Trennung der Geister zeigt. Ende und Auflösung der Turmbaugeschichte erfahren wir im Neuen Testa-

ment. Was als ferne Hoffnung und dunkle Prophezeiung der Prophet Joel den Juden zurief, wird erst in der christlichen Weltenstunde offenbar: In der „Ausgießung des Heiligen Geistes" wurde endlich das Band wieder geknüpft, das die direkte Verständigung zwischen Gott und allen Menschen ermöglicht. Sie wurden zu Pfingsten („wieder" wagen wir hinzuzufügen) *voll des Heiligen Geistes und fingen an zu predigen . . ., und die Mengen kamen zusammen und wurden bestürzt, denn es hörte ein jeglicher, daß sie mit seiner Sprache redeten* (Apg. 2:4-6). (Wieder war es schon der große Schelling, der es längst wußte und verkündete, daß Pfingsten das „umgekehrte Babel" sei.)
Im Neuen Jerusalem, der wiedererlangten Stadt des Vaters, im hohenpriesterlichen Gebet Christi: *„Unum sint . . ."* und im Flammenmeer der Ausgießung des Heiligen Geistes findet alles, was im Turmbaubericht des Alten Testaments als düstere Drohung enthalten ist, seine Fortsetzung und seine Aufhebung im Geist der Liebe. Der dreieinige Gott unseres christlichen Glaubens führt so für die zur Erlösung reif gewordene Schöpfung dreifach zu Ende, was der „Gott der Väter" in der Frühzeit der Menschen begann.

Vom gleichen Verfasser sind in TEXTE + THESEN erschienen:

Joachim Illies

Nicht Tier, nicht Engel

Der Mensch zwischen Natur und Kultur

TEXTE + THESEN Band 59 · 2. Auflage
70 Seiten · engl. Broschur · DM 7,–

„Illies beleuchtet hier den Standort des Menschen zwischen Natur und Kultur und die breite Skala der Naturgesetzlichkeit. Auf festem Grund stehend, gibt Illies auf jeder Seite Denkanstöße. Seine Thesen sind eine moralische Waagschale. Auf dem Weg vom Naturgesetz zur Gruppennorm, so Illies, wird eine Zone des Mysteriums durchlaufen, das uns selbst in den Rang und die Würde eines Mysteriums erhebt. Der Mensch – nicht Tier, nicht Engel – sei unterwegs in der Dimension, die sich vom einen zum anderen erstreckt. Die Kapitel „Zwischen Gesetz und Freiheit“, „Reife und Altern“, „Bedrohung und Rettung“ geben nicht nur Antworten, sondern mahnen.“ Braunschweiger Zeitung

Joachim Illies

A. Portmann, J. Gebser, J. J. Bachofen

Drei Kulturforscher – Drei Bilder vom Menschen

TEXTE + THESEN Band 67
91 Seiten · engl. Broschur · DM 7,–

„Die rein wissenschaftliche Biologie übersteigend, werden die Forschungen Portmanns zum Bild des Menschen als Träger der Kultur als der eigentlichen menschlichen Leistung dargestellt. Überschrieben ist das Kapitel „Biologie – Lebenskunde und Menschendeutung“.
Im zweiten Kapitel „Ursprung und Wandlung“ wird das Gedankengut Jean Gebsers uns nahe gebracht. Unter der Überschrift „Mann und Frau – Gegenpole?“ wird die Arbeit Bachofens über das Matriarchat und dessen Anschauung über die verschiedenen Kulturstufen der Menschheit dargestellt.
Das sehr konzentriert geschriebene Werk versteht es, den weitgespannten Bogen einer großartigen Schau der Entwicklung menschlicher Kultur vor uns abrollen zu lassen. In einem kurzen Nachwort werden einige biographische Daten und Veröffentlichungen der drei Kulturphilosophen Portmann, Gebser und Bachofen vermittelt.“ Die Tat, Zürich

Edition Interfrom · Zürich
Vertrieb für die Bundesrepublik Deutschland:
Verlag A. Fromm · Osnabrück

In der Herderbücherei, Verlag Herder, Freiburg-Basel-Wien, sind vom gleichen Verfasser als Taschenbücher erschienen:

Für eine menschenwürdige Zukunft
Band 432 · Herderbücherei

Die Sache mit dem Apfel
Band 447 · Herderbücherei

Umwelt und Innenwelt
Band 487 · Herderbücherei

Zoologeleien
Band 502 · Herderbücherei

Biologie und Menschenbild
Band 526 · Herderbücherei

Zu wahr, um schön zu sein
Band 638 · Herderbücherei

Die andere Seite der Biologie
Band 677 · Herderbücherei

Christa Meves/Joachim Illies
Lieben – was ist das?
Band 362 · Herderbücherei

Christa Meves/Joachim Illies
Mit der Aggression leben
Band 536 · Herderbücherei

Im Verlag Piper, München, sind vom gleichen Verf. erschienen:

Antrhopologie des Tieres
250 S. mit 35 Abb. · auch als dtv 1271

Zoologie des Menschen
227 S. · piper paperback · auch als dtv 1227

Kulturbiologie des Menschen
208 S. · Serie Piper Nr. 182

Im Verlag Kindler, München, ist vom gleichen Verf. erschienen:

Das Geheimnis des Lebendigen
Leben und Werk des Biologen Adolf Portmann
360 S. mit Abb. und Fotos

TEXTE + THESEN

GESAMTVERZEICHNIS

25 Helmut Swoboda, Hat die Zukunft eine Zukunft? Vom Wachstum in einer endlichen Welt

26 Winfried Schlaffke, Akademisches Proletariat?

27 Joseph Meurers, Wissen nährt Nichtwissen. Naturforschung heute

28 Helene Schreiber, Kommt der Realismus wieder? Zur Kunst der Gegenwart

29 Horst Wetterling, Ist Autorität unmenschlich? (vergriffen)

30 Helmut Schelsky, Friede auf Zeit. Die Zukunft der Olympischen Spiele

31 Peter Dittmar, Gelbe Gefahr – Rote Gefahr? China zwischen Buchweisheit und Klassenkampf

32 Wolfgang Kuhn, Biologischer Materialismus. Der Mensch ist keine Maschine

33 Heinz Beckmann, Hat das Theater ausgespielt?

34 Hugo Andreae, Berufsbildung – Bildung der Beherrschten?

35 S. v. Malewsky-Malewitsch, Auf Marx wird Rabatt gegeben. Sowjetalltag bei Licht besehen

36 Hans Maier, Die Grundrechte des Menschen im modernen Staat

37 Helmut Schoeck, Umverteilung als Klassenkampf? Zur Politik und Psychologie der Vermögensbildung

38 Klaus Hoff, Wie modern ist konservativ heute?

39 Hans J. Fahr, Raumzeitdenken – Zwangsvorstellung Unendlichkeit

40 Otto B. Roegele, Medienpolitik – und wie man sie macht

41 Rudolf Rohlinger, Die überschätzte Kamera. Fernsehen – nahbesehen

42 Peter Coulmas, Radio ohne Zukunft? Wiederkehr und Wandel eines Mediums

43 Otto B. Roegele, Hrsg., Das dritte Alter. Abgeschrieben oder aufgewertet?

44 Josef Hitpass, Radikale Minderheit – Schweigende Mehrheit. Zur Verhaltensgestalt der studentischen Jugend

45 Heinz Pentzlin, Die Kinder des Wohlstands. Herausforderung der Jugend?

46 Horst Jürgen Helle, Familie – Zwischen Bibel und Kinsey-Report

47 Lothar Bossle, Das Gewissen in der Politik

48 Thomas Nipperdey, Konflikt – Einzige Wahrheit der Gesellschaft? Zur Kritik der Hessischen Rahmenrichtlinien (vergriffen)

49 Heinz-Dietrich Ortlieb, Vom Volkskapitalismus zur Playboy-Demokratie

50 Hans Schaffner, Die Multinationalen – Ausbeuter oder Triebkraft der Weltwirtschaft?

51 Erwin K. Scheuch, Kulturintelligenz als Machtfaktor. Intellektuelle zwischen Geist und Politik

52 Wolfgang Längsfeld, Ästhetik im Alltag. Über die sinnliche Qualität der Dinge

53 Botho Kirsch, Kalter Friede – was nun? Die Konfliktstrategie der Sowjets

54 Bahro / Becker / Hitpass, Abschied vom Abitur? Hochschulzugang zwischen Numerus clausus und Massenbildung

55 Erich Gysling, Magnetfeld der Ungleichen: Amerika – Europa

56 Werner Betz, Aufs Maul geschaut. Deutsch – wie es wurde und wirkt

57 Theo M. Loch, Interdependenzen. Wer hängt von wem ab?

58 Hans Speier, Witz und Politik. Essay über die Macht und das Lachen

59 Joachim Illies, Nicht Tier, nicht Engel. Der Mensch zwischen Natur und Kultur

60 Kurt Reumann, Blick ins Innere: Berichte von der akademischen Front

61 Friedr. Graf von Westphalen, Wird die Justiz unterwandert? Der Ruf nach dem politischen Richter

62 Guido Fischer, Der Betrieb: Institution menschlicher Ordnung

63 Hermann Boventer, Gebt uns die totale Schule. Pädagogik als Allmachtstraum

64 Franz Aschinger, Welt ohne Geldsystem? Die internationale Währungs- und Finanzlage

65 Michael Braunfels, Die Krankheit der verwalteten Musik

66 Werner Betz, Sprachkritik – Das Wort zwischen Kommunikation und Manipulation

67 Joachim Illies, Adolf Portmann, Jean Gebser, Johann Bachofen. Drei Kulturforscher – Drei Bilder vom Menschen

68 Hermann Lübbe, Unsere stille Kulturrevolution

69 Hans Maier, Hrsg., Denkmalschutz. Internationale Probleme – Nationale Projekte

70 Hanno Helbling, Dauerhaftes Provisorium – Kirche aus der Sicht eines Weltchristen

71 Otto Gritschneder, Für Seelenschmerz bezahlen . . . Aufsehenerregende Gerichtsfälle

72 Willi Schickling, Rückwärts mit dem Fortschritt: Wieviel Experimente verträgt die Wirtschaft?

73 Pascual Jordan, Aufbruch zur Vernunft. Ein Naturforscher zur deutschen Besinnung

74 Heinz-Dietrich Ortlieb, Was wird aus Afrika? Rassismus · Neokolonialismus · Entwicklungshilfe

75 Max Müller, Sinn-Deutungen der Geschichte. Drei philosophische Betrachtungen zur Situation

76 Alfons Rosenberg, W. A. Mozart – Der verborgene Abgrund

77 N. Lobkowicz / A. Hertz, Am Ende aller Religion? Ein Streitgespräch

78 W. Kerber, Hrsg., Wohlstands-Kriminalität. Die neue Herausforderung

79 Dalma, Rovan, Vermehren, Razumovsky, Ramseier Euro-Kommunismus

80 Hans Maier, Sprache und Politik. Essay über aktuelle Tendenzen, Briefdialog mit Heinrich Böll

81 Christa Meves, Antrieb – Charakter – Erziehung. Werden wir ein Volk von Neurotikern?

82 O. B. Roegele / H. Beckmann, Warum unsere Kirchen leerer werden . . .

83 Gerhard Wettig, Der Kampf um die freie Nachricht

84 Hermann Lübbe, Wissenschaftspolitik. Planung · Politisierung · Relevanz

85 Heinz Pentzlin, Arbeitslos – Los der Zukunft? Wie Vollbeschäftigung zu sichern ist

86 A. Hegelheimer / M. Zöller Wider die kranke Reform: Ordnungspolitik für Bildungswesen und Arbeitsmarkt

87 Gerhard Schult, Fernsehprogramme – Programmiertes Fernsehen? Ermittelt am Beispiel: Regionalprogramme

88 Joachim Illies, Der Mensch in der Schöpfung. Ein Naturwissenschaftler liest die Bibel

89 Peter Opitz, Chinas Außenpolitik. Ideologische Prinzipien – strategische Konzepte

90 Heinz Maier-Leibnitz, An der Grenze zum Neuen. Rollenverteilung zwischen Forschern und Politikern in der Gesellschaft

91 Dominik Jost, Die Wirklichkeit des Dichters

92 Willy Zeller, Die unvollendete Union. Qualitätsmängel der Europäischen Gemeinschaft

93 Heinrich Oberreuter, Kann der Parlamentarismus überleben?

94 Hanno Helbling, Hrsg., Religionsfreiheit im 20. Jahrhundert

95 F. G. Friedmann, Carters Amerika. Kultur – Religion – Politik

96 Hatto Schmitt, Vademecum für empörte Eltern. Absurdes aus der Schulpolitik

97 Werner Betz, Verändert Sprache die Welt? Semantik, Politik und Manipulation

98 Rudolf Ströbinger, Anatomie eines Staatsstreichs. Wege zur neuen Weltrevolution

99 O. B. Roegele, Was wird aus dem gedruckten Wort? Vom Lesen als Bürgerpflicht

100 TEXTE + THESEN + SOTTISEN, Jubiläumsausgabe

101 Nikolaus Lobkowicz, Marxismus und Machtergreifung. Der kommunistische Weg zur Herrschaft

102 Elisabeth Noelle-Neumann Werden wir alle Proletarier? Wertewandel in unserer Gesellschaft

103 Friedrich Karl Fromme Der Parlamentarier – Ein Freier Beruf? Gemeinwohl · Bindung · Unabhängigkeit

104 Horst Wetterling Die Schule als Lernfabrik. Wie unsere Kinder abgerichtet werden

105 Heinz-Dietrich Ortlieb Vom totalitären Staat zum totalen Egoismus. Anarchistische Schatten deutscher Vergangenheit

106 Gertrud Höhler Gesinnungskonkurrenz der Intellektuellen

107 Otto Schulmeister Die erschöpfte Revolution. Von der politischen Utopie zum Leerlauf der Zeit

108 Geiger / Mai / Burghart Der öffentlich-rechtliche Rundfunk. Zwischen Staat, Parteien und Interessen

109 Klaus Emmerich Ist Nord-Süd-Entspannung möglich? Eine neue Politik für eine neue Front

110 Theodor Wilhelm Staatsschulen – Staatsbeamte. Erlaubt das System pädagogische Freiheit?

111 Stefan Kisielewski Polen – oder die Herrschaft der Dilettanten. Sozialismus und Wirtschaftspraxis

Die Reihe wird fortgesetzt – Fordern Sie Sonderprospekte an:

Edition Interfrom · Zürich
Vertrieb für die Bundesrepublik Deutschland:
Verlag A. Fromm · Osnabrück